Think – Strategische Unternehmensführung statt Kurzfrist-Denke

W0033501

Zukunft neu denken

Innovationsmanagement als Erfolgsprinzip

Prof. Dr. Hermann Simon ist Vorsitzender der Geschäftsführung von *Simon, Kucher & Partners* in Bonn, Boston, London, München, Paris, Zürich, Tokio, Warschau und Wien. Er plädiert für mehr Weitblick, für systematischen Überblick im täglichen Business. Denn: agieren statt reagieren, ein Geschäft durchdenken statt geschäftig zu sein – darauf kommt es in der Wirtschaftswelt an. Prof. Dr. Hermann Simon ist Autor zahlreicher Bestseller zum Thema Strategie. Zuletzt erschien bei Campus von ihm *33 Sofortmaßnahmen gegen die Krise.*

Hermann Simon

Think – Strategische Unternehmensführung statt Kurzfrist-Denke

Campus Verlag
Frankfurt/New York

Die Sonderedition *Zukunft neu denken* ist eine Gemeinschaftsaktion des Campus Verlags und der Handelsblatt GmbH.

Bibliografische Information der Deutschen Nationalbibliothek:
Die Deutsche Nationalbibliothek verzeichnet diese Publikation in der
Deutschen Nationalbibliografie. Detaillierte bibliografische Daten
sind im Internet unter http://dnb.d-nb.de abrufbar.
ISBN 978-3-593-39083-3
ISBN 978-3-593-39087-1 (Gesamtedition)

Limitierte Sonderausgabe 2009

Umschlaggestaltung: ZAMCOM GmbH, Köln
Satz: Fotosatz L. Huhn, Linsengericht
Druck und Bindung: CPI – Ebner & Spiegel, Ulm
Gedruckt auf säurefreiem und chlorfrei gebleichtem Papier.
Printed in Germany

Besuchen Sie uns im Internet: www.campus.de

Inhalt

Kapitel 4
Wertewandel in der Wirtschaft 75

Kapitel 5
Das Wesen der Wissensgesellschaft 95

Kapitel 6
Bremser der Innovation 113

Kapitel 7
Wettbewerbsstrategie statt Managementmoden 133

Geleitwort von Peter Drucker

Nachdenken und Nachdenklichkeit sind Begriffe, die man typischerweise nicht mit geschäftigen Managern in Verbindung bringt. Natürlich muss jeder Manager ständig denken, aber normalerweise wird erwartet, dass er dies schnell tut, damit Entscheidung und Umsetzung folgen können. Doch effektives Management erfordert beides: das gründliche Durchdenken der Probleme und die entschlossene Umsetzung.

In dem vorliegenden Buch zeigt Hermann Simon auf, dass Strategie, Führung, Veränderung oder Shareholder-Value von weitgehend zeitlosen Prinzipien getragen werden. Folgerichtig rät er, sich nicht nach den Moden des jeweiligen Tages zu richten und sich ausreichend Zeit zum tiefgründigen Hinterfragen zu nehmen. Konsequenterweise drückt Simon gegenüber den immer wieder propagierten »Managementrevolutionen« und den jeweils vorherrschenden Meinungen seine Zurückhaltung aus. In der Tat erweisen sich viele Aktionen, die mit dem Slogan »revolutionär« versehen werden, *ex post* als Strohfeuer ohne nachhaltige Spuren. Und die Tatsache, dass die Mehrheit an etwas glaubt, macht es noch lange nicht richtig. Man denke nur an die Übertreibungen zum Internet. Stimmungen dominierten, der Herdentrieb schlug durch, das klare Denken kam zu kurz.

Simon nimmt in diesem Sinne aktuelle Diskussionsfelder wie Wissensmanagement, Innovation, E-Business oder Kundenorientierung unter seine »Denklupe« und geht ihnen auf den Grund. Aus dieser grundsätzlichen Betrachtung leitet er Einschätzungen und Einsichten ab, die zu den in der Managementliteratur propagierten Meinungen in vielerlei Hinsicht im Gegensatz stehen. So hinterfragt er beispielsweise:

• Das populäre Konzept der Kundenbindung: Kann man Kunden wirklich »binden«?
• Die Attraktivität von Märkten, die in der jüngsten Vergangenheit als besonders interessant galten: Haben nicht viele dieser Märkte einen »leeren Kern«?
• Das Outsourcing: Bringt es die intendierten Effekte oder gefährdet man Kernkompetenzen?

Solche provokativen Positionen, von denen viele weitere vorgetragen werden, sollten jeden Manager zum Zweifeln ermuntern. »Contrarian« zu denken und einfache Fragen zu stellen, hat sich in der Geschichte vielfach als fruchtbar erwiesen. Simon vermittelt in dieser Hinsicht zahlreiche ungewohnte Einsichten.

In den beiden letzten Kapiteln beschäftigt sich Simon mit den spezifischen Chancen und Herausforderungen, die sich deutschen Unternehmen und der deutschen Gesellschaft stellen. Er diagnostiziert eine stark ambivalent gefärbte Situation dahingehend, dass zwar ausgeprägte Stärken existieren, auf der anderen Seite jedoch enorme Veränderungen notwendig sind. Hier tut sich Deutschland schwer, obwohl die Einsichten längst vorhanden sind. Den Weg der Veränderung versteht der Autor als mentale Reise, bei der im globalen Kontext Amerika und Asien für Europa und im speziellen für Deutschland gleichwertige, wenn auch zeitversetzte Rollen einnehmen werden.

Das Buch regt zum Denken und Nachdenken an, beides sollte bei Managern nie zu kurz kommen.

Claremont, Kalifornien
im Januar 2004
Peter F. Drucker

Vorwort

»Think!«, das ist im Alltagsstress eine kontroverse Herausforderung für den Manager. Denn wenn etwas zu kurz kommt aufgrund der vielen Ansprüche, die ständig auf eine Führungskraft einströmen, dann ist es Zeit zur Besinnung, zum Überlegen, zum Abwägen. Schon vor 30 Jahren fand Henry Mintzberg heraus, dass Manager im Durchschnitt nur neun Minuten für ein Problem verwenden, bevor sie zur nächsten Aufgabe weiterhasten.

»Alle Weisheit beginnt mit der Erkenntnis der Tatsachen«, sagte Cicero. Doch ohne gründliches Nachdenken erschließen sich die Tatsachen nicht. Die Struktur des Waldes bleibt demjenigen, der sich mittendrin durch das Dickicht kämpft, verborgen. Das ist das Anliegen dieses Buches: Sie sollen Abstand gewinnen, damit Sie den Wald besser erkennen.

In kurzen Kapiteln gehe ich auf Aspekte und Probleme ein, die unter dem Alltagsdruck, dem jeder Manager ausgesetzt ist, oft nicht wahrgenommen oder bedacht werden und deshalb leicht unter den Tisch fallen. Das Spektrum der Themen ist dabei ausgesprochen weit, entsprechend der Weite des Denkens. Denkherausforderungen im Management haben viele Facetten: Strategie, Langfristigkeit, Führung, Veränderung, Werte, Wissen, Innovation, Wettbewerb und nicht zuletzt Globalisierung. Keines dieser Themen wird abschließend behandelt, doch alle werden angerissen, Herausforderungen und Widersprüche treten zutage. Mit Ratschlägen, jedenfalls mit Patentrezepten, halte ich mich zurück.

»Think!« ist kein Managementbuch im üblichen Sinne, das Lösungen verspricht. Ich habe auf die meisten dieser Probleme auch keine Antwort. Beratung habe ich als mein Metier gewählt, weil die Fragen das wirklich Interessante sind. Und richtig gestellte Fragen bilden den ersten Schritt zur Erkenntnis. »Klug fragen ist die halbe Wahrheit«, sagte Francis Bacon. Diese Erfahrung spiegelt sich hoffentlich in den einzelnen Kapiteln wider.

Mein Ziel ist es, Sie, den einzelnen Leser oder die einzelne Leserin, zum Nachdenken und zum Hinterfragen anzuregen. Dazu setze ich auch bewusst das Mittel der Provokation ein. Wenn Sie mit einer These nicht einverstanden sind, weil sie Ihnen überzogen erscheint, dann setzen Sie sich mit ihr auseinander. Das schärft die Bildung eines eigenen fundierten Urteils. Nachdenklichkeit im besten Sinne ist eine Eigenschaft, die noch keinem Manager geschadet hat und die zu oft dem Tagesstress zum Opfer fällt. Lassen Sie mich wissen, wenn Sie anderer Meinung sind. Ich bin bereit, dazuzulernen – auch wenn's schwer fällt.

Einem alten Freund bin ich zu besonderem Dank verpflichtet. Es ist Peter Drucker, der – so Gott will – im Erscheinungsjahr dieses Büchleins sein 95. Lebensjahr vollendet. Peter Drucker ist der Meister des gründlichen Durchdenkens. Vieles, was ich von ihm gelernt habe, ist in dieses Buch eingeflossen.

Und ein Hinweis zur Lektüre: Dies ist kein Buch, das man in einem Rutsch lesen sollte. Ratsamer ist es, die einzelnen Kapitel häppchenweise zu konsumieren und zu verdauen. Man braucht für die Lektüre der einzelnen Happen jeweils nur wenige Minuten. Ich wünsche Ihnen Spaß beim Lesen und eine gehörige Portion Widerspruchsgeist. Und am Schluss werden Sie hoffentlich Marie von Ebner-Eschenbach zustimmen, die sagte: »Nur der Denkende erlebt sein Leben, am Gedankenlosen zieht es vorbei.«

Bonn und Boston,
im Januar 2004
Hermann Simon

Kapitel 1
Strategisches Denken

Über den Tag hinaus

Gehen den Managementgurus die Ideen aus? Oder trügt der Eindruck, dass weniger Moden, Schlagworte und Patentrezepte in die Arena geworfen werden? Hat die Realität die Managementweisen überholt? Kamen ihre Wundermittel und -methoden nur während des Booms an, der zwei Jahrzehnte währte? Tatsächlich hat es in den letzten zwanzig Jahren eine stürmische Entwicklung in der Managementliteratur gegeben, das gilt für Zeitschriften noch stärker als für Buchbestseller. Aus heutiger Sicht kann man *In Search of Excellence*, das 1982 erschien, als den Vorreiter dieser Welle bezeichnen.

Ein durchgängiges Merkmal dieser Entwicklung bestand darin, dass die jeweiligen Autoren und Gurus ständig neue Moden, Schlagwörter und Patentrezepte als »die« allein richtige Problemlösung offerierten. *Reengineering, Total-Quality-Management, Zeitwettbewerb, Outsourcing, Benchmarking, Kernkompetenz, Balanced Scorecard, Customer-Relationship-Management* oder ähnliche Konzepte wurden jeweils als der Weisheit letzter und einziger Schluss mit großem Getöse präsentiert und durch aktuelle Erfolgsbeispiele – scheinbar über jeden empirischen Zweifel erhaben – untermauert. Doch immer weniger Sauen werden durch die Managementdörfer getrieben: Es ist ruhiger geworden. Selbst Bestseller erreichen nur noch bescheidene Auflagen und die Landschaft der Managementzeitschriften hat sich deutlich gelichtet.

Historisch-längerfristige Maßstäbe

Waren sie nur Verbalakrobatik oder hatten die Managementmoden praktische Konsequenzen? Letzteres trifft zu, zumindest in erheblichem Umfang. In einem amerikanischen Unternehmen, dessem Aufsichtsrat ich mehrere Jahre angehörte, wurde solchen Konzepten minutiös gefolgt. Der Prozess begann dabei typischerweise etwa drei bis sechs Monate nach der Publikation des Konzepts, meistens in der *Harvard Business Review*. Auch deutsche Unternehmen waren gegen solche Modewellen nicht gefeit. Allerdings erwiesen sich deutsche Manager als deutlich nüchterner und moderesistenter als die Amerikaner. Von vielen wurde das in den Boomzeiten als Rückständigkeit interpretiert. In Wirklichkeit war es gesunder Menschenverstand, der aber nach Oscar Wilde bekanntlich nicht so weit verbreitet ist.

Oft habe ich mit Peter Drucker über solche Managementmoden diskutiert. Er war stets der Meinung, dass die meisten unsinnig und irreführend sind, insbesondere gilt dies für die typisch einseitige und übertriebene Anwendung. Nahezu zwangsläufig verblassten die angeführten Paradebeispiele schon nach wenigen Jahren. Schaut man in die Literatur der achtziger Jahre, so war *IBM* das allseits bewunderte und als Kronzeuge angeführte Superunternehmen (etwa für Kundennähe). Wenige Jahre später kam *IBM* in eine große Krise und musste die Mitarbeiterzahl halbieren, mittlerweile hat sich die Firma wieder erholt. Anfang der neunziger Jahre wurde den japanischen Autoherstellern eine grandiose Überlegenheit attestiert, beispielsweise in dem Bestseller *Die zweite Revolution in der Autoindustrie*. Europäische und amerikanische Autobauer hätten gegen japanische Effizienz keine Chance. Heute sind alle japanischen Autobauer außer *Toyota* und *Honda* in westlicher Hand. Etwas später fungierten dann Computerfirmen wie *Compaq* oder *Hewlett Packard* als Vorbilder, an denen sich der Rest der Welt bitte zu orientieren hatte. Einige Jahre später, in der Internet- und Mobil-Euphorie, stiegen *Amazon, Yahoo, Worldcom, Nokia* oder *Cisco* zu Kultobjekten auf, die den Stein der Weisen gefunden zu haben schienen und allen anderen den Weg wiesen. Kurze Zeit nach dem

Sonderlob gerieten die meisten dieser Superfirmen mehr oder minder tief in die Krise.

Gutes Management hat eben nichts mit kurzfristigen Erfolgen und Moden zu tun. Doch zu einer solch banalen Einsicht gelangt man nur, wenn man historisch-längerfristige Maßstäbe anlegt und nicht das jeweilige Quartal als Urteilsbasis verwendet. Nur ein tiefgründigeres Verständnis schützt vor der Blendung durch kurzfristig-spektakuläre Erfolge. Nicht das momentane *Wie* ist entscheidend, sondern das dauerhaft wirkende Warum. Das gilt in positiver wie negativer Hinsicht. So relativiert eine historische Perspektive sowohl die Börseneuphorie bis zur Jahrtausendwende als auch die danach folgende Untergangsstimmung an den Kapitalmärkten. Nur ein historischer Maßstab und ein Verständnis des Warum leiten uns zum Erkennen dauerhaft erfolgreicher Managementprinzipien. Peter Drucker hat diese einfachen Einsichten wie kein anderer beherzigt. Er interpretiert Unternehmensführung im Lichte der Geschichte, die man zu diesem Zwecke allerdings im Detail kennen muss – eine Voraussetzung, die den meisten Managementautoren völlig abgeht. Nur wer die Vergangenheit versteht, interpretiert die Gegenwart richtig und gewinnt dadurch ein besseres Verständnis der Zukunft. Søren Kierkegaard, der dänische Philosoph, hat diesen Gedanken folgendermaßen in Worte gefasst: »Das Leben kann nur in der Schau nach rückwärts verstanden, aber nur in der Schau nach vorwärts gelebt werden.«

Die Kernherausforderung für Manager

Die Feststellung, dass sich grundlegende Managementprinzipien über die Zeit nur wenig ändern, besagt keinesfalls, dass Wandel und Innovation eine untergeordnete Rolle spielen – das Gegenteil ist der Fall. Nicht die Organisation von Routineprozessen, sondern die Bewältigung von Veränderungen, Turbulenzen und neuen Entwicklungen bildet die Kernherausforderung für Manager. Der kluge Umgang mit Neuem trennt hier die Spreu vom Weizen. Mit Revolution, einem der populärsten Schlag-

wörter in der modernen Managementliteratur, hat dies jedoch nur selten
zu tun. Revolutionen sind ein effektives Mittel der Zerstörung überkom-
mener Systeme. Für den Aufbau von Neuem eignen sie sich jedoch genauso wenig wie Moden. Auch Schumpeter spricht ja nicht von »Zerstörung«, sondern von »kreativer Zerstörung«. Und Kreation sowie
Dauerhaftigkeit – nicht Zerstörung und Moden – sind die tragenden
Pfeiler guten Managements.

Es kommt darauf an, die Welt als einen Prozess ständigen Wandels
und nie endender Veränderung zu verstehen, eine asiatisch anmutende
Sicht, man könnte auch Heraklits »panta rhei« bemühen. Es geht dabei nicht um phantasievolles Vorhersagen oder gar das Lesen in Kris-
tallkugeln, sondern um die intelligente Interpretation bereits vorhan-
dener Signale. Ein aktuelles Beispiel ist die Bevölkerungsentwicklung.
Sie besitzt letztendlich und langfristig allergrößte Bedeutung für die
Entwicklung von Gesellschaft und Unternehmen. Die Zeichen stehen
längst an der Wand, wir müssen sie nur lesen und richtig interpretieren. Doch solche historisch-langfristigen Herangehensweisen sind für
die meisten Managementautoren äußerst untypisch. Diese laben sich,
wie erläutert, entweder an den Erfolgen von gestern oder verfallen in
phantastische Trendvorhersagen (à la *New Economy* oder *Tourismus
im Weltraum*), die von einer breiten Leserschaft begierig aufgenom-
men werden. Nur wenige bleiben auf dem Boden und interpretieren
die Fußspuren der Zeit mit mehr Tiefgang. Peter Drucker ist der Meister dieser Disziplin. Wie kein anderer Managementdenker hat er zig-
fach bewiesen, dass er auf diesem Wege zukünftige Entwicklungen in
geradezu unglaublicher Weise und Präzision antizipieren kann. Zwei
Beispiele mögen dies belegen: Eines der am heißesten diskutierten Probleme unserer Zeit betrifft die Legitimation des Managements in der
modernen Publikumsaktiengesellschaft. Diese Frage, die bis heute
nicht zufriedenstellend beantwortet ist, hat Drucker bereits in seinem
Buch *The Future of Industrial Man* im Jahre 1942 aufgeworfen. Ihre
ungebrochene Aktualität zeigt sich an der laufenden Diskussion um
die *Corporate Governance*. Als ein zweiter Beleg diene das Phänomen
des Knowledge-Workers (Wissensarbeiter), den Drucker im Jahre

1966 in seinem Buch *The Effective Executive* als den herausragenden Trend im Arbeitsleben der Zukunft identifizierte. Heute sind wir nahezu alle Wissensarbeiter.

Es kommt darauf an, solche grundlegenden Trends und Wirkprinzipien zu verstehen und sich nicht von kurzlebigen Moden in die Irre führen zu lassen. Management muss über den Tag hinaus denken und handeln. Gute Managementprinzipien sind zeitlos, Managementmoden kommen und gehen.

Strategisches Denken trotz Alltagshektik!

»Oft sage ich mir abends: Zu viel gelesen, zu viel geredet, zu wenig nachgedacht.« Dieser Seufzer wird Henning Schulte-Noelle, dem früheren Vorstandsvorsitzenden der *Allianz*, zugeschrieben. Wer von uns würde dem nicht zustimmen und feststellen: »Genauso ergeht es mir selbst.«? Über uns schlägt eine immer gigantischere Welle von Informationen, Daten und Eindrücken zusammen, der wir uns nur schwer entziehen können. E-Mails, das ubiquitäre Mobiltelefon, die Flut von Zeitungen und Zeitschriften, die wir auf keinen Fall verpassen wollen, Bildschirme in Büros, Sitzungsräumen, Lounges, im Flugzeug, in der Bahn, Werbung überall, das Ganze nicht nur werktags, sondern auch sonntags, rund um die Uhr. Musik berieselt uns allerorten, in Hotels, in Verkehrsmitteln, in Geschäften, im Auto. Voicemails und Faxe erreichen uns jederzeit und an den abgelegensten Orten. Kein Wahrnehmungskanal wird ausgespart. Mit UMTS wird das Handy zum visuellen Kanal, in Japan erlebt man das bereits sehr plastisch. Kürzlich reiste ich zwei Wochen quer durch China: An keinem Ort blieb mein Handy ohne Kontakt zum Mobilfunknetz. Ich war überall *communicado* – einst ein Wunschtraum, der zum Alptraum zu mutieren droht.

Informationsflut

Nun gehöre ich durchaus zu jenen, die nicht selten Kommunikationsli-
nien auch einmal kappen. Aber das wird immer schwieriger und ist zudem riskant, denn bei Mitarbeitern wie Kunden nimmt das Verständnis
für Nichterreichbarkeit und Nichtinformiertheit rapide ab. Der Druck,
über alles und jedes jederzeit informiert zu sein, wird immer größer. Besucht man am frühen Nachmittag einen Kunden und kennt nicht die ak-
tuellsten Börsenkurse, so erntet man ein Stirnrunzeln. Zumindest die
FAZ, die *Financial Times* und das *Wall Street Journal* sollte man täglich
bewältigen. Die Globalisierung erweitert nicht nur den Horizont, sondern auch die Informationsflut.

Diese Flut macht auch nicht vor der Freizeit halt. Partys, Bälle, Fest-
spiele, Formel-1-Rennen und Sportveranstaltungen arten zunehmend in
Multi-Media-Rummel aus. Jugendliche fühlen sich anscheinend nur
noch in solchem Umfeld wohl, selbst wenn Kommunikation aufgrund
gesundheitsschädigender Lärmpegel und blindmachender Beleuchtungs-
effekte nicht mehr möglich ist.

In einem Aufsatz über Managerprobleme unserer Zeit werden »Energie« und »Konzentration« als entscheidende Eigenschaften eines erfolgreichen Managers gefordert.[1] Energie hat mit Wille, Willensstärke, auch
körperlichem Durchhaltevermögen zu tun. Konzentration hängt davon
ab, wie sich jemand auf das Wesentliche beschränken und Ablenkungen
ausblenden kann. Wie in dem Zitat von Henning Schulte-Noelle ange-
deutet, leiden das Denken und die Konzentration massiv unter der Überfülle von Eindrücken und Medien, die um die Aufmerksamkeit des Managers buhlen.

Dabei dringen die vielfältigen Stimuli keineswegs nur aus der Außen-
welt auf den Betroffenen ein. Auch die Mitarbeiter machen häufig Gebrauch von der Möglichkeit, Informationen zu multiplizieren und an
Vorgesetzte sowie Kollegen zu schicken. Was würde der IBM-Gründer

---

1 Bruch, Heike/Ghoshal, Sumantra: *Beware the Busy Manager*. In: *Harvard
Business Review*. Februar 2002, S. 62 ff.

Watson sagen, wenn er einen heutigen IBM-Mitarbeiter mit seinen elektronischen Spielzeugen sähe? Er würde ihm wahrscheinlich sein altes Motto »Think!« in Erinnerung rufen und nahelegen, es zu beachten. Wer schafft es heute noch, ein »Meister des gründlichen Durchdenkens« zu sein – ein Attribut, das Fredmund Malik Peter Drucker zuschrieb? Sind nicht viele Fehlentwicklungen der letzten Jahre auf gravierende Denk- und Konzentrationsmängel zurückzuführen? Ist es nicht so, dass wir kaum noch nachvollziehen können, was sich die Manager bei manchen Börsenträumen, Unternehmensbewertungen, Übernahmen und anderen Abenteuern gedacht haben?

Die Antwort scheint so einfach wie überzeugend: Sie haben nicht gedacht, sondern sind der Flut der auf sie einstürmenden Daten und Eindrücke erlegen. Sie hatten nicht den notwendigen Abstand, um aus dem Dickicht von Informationen herauszutreten und, statt nur einer Vielfalt von Bäumen, den ganzen Wald und seine Struktur zu erkennen. Es fehlte ihnen nicht an Information, aber es fehlte ihnen an Erkenntnis und Verständnis. Letztere gewinnt man nie durch mehr Daten, sondern nur durch deren richtige Interpretation und Durchdringung. Eine Überfülle von Daten und die mit ihrer Aufnahme meistens verbundene Hektik sind Feinde der klaren und nüchternen Analyse. Die Aufnahme der Daten ist dabei nicht nur ein Problem der geistigen Kapazität, sie erfordert vor allem viel Zeit. Sitzungen und Meetings dauern unendlich lange, verschlingen förmlich den Tag, das Studium von Akten, Memos und Dateien zieht sich bis in die Nacht hinein. Zwangsläufig kommt dabei eines zu kurz: das Denken. Denn auch diese Tätigkeit braucht Zeit – und Ruhe. Die wenigen Minuten auf dem Weg zum Konferenzraum reichen nicht aus, um ein Problem zu durchdenken. Doch wann sieht man schon einen Manager, der nachdenklich und nachdenkend am Schreibtisch sitzt oder sinnend zum Fenster hinausschaut? Dies würde eher als Nichtstun, denn als geistige Arbeit interpretiert. Aber Denken findet im Kopf statt und seine Effektivität lässt sich nicht von außen messen.

Auf die Auswahl kommt es an!

Genauso wichtig, wie die richtigen Informationen aufzunehmen und zu verarbeiten, ist es in unserer heutigen Welt, sich vor den falschen Informationen und Medien zu schützen und sie auszublenden. Nur so schafft man sich genügend Zeit, Muße und Energie zum Denken.

Achten Sie insbesondere darauf, nicht in ein reaktives Verhaltensmuster zu verfallen. Wenn jemand auf E-Mails stets spontan antwortet, so ist klar, dass diese Person von den modernen Medien und Kommunikationsmitteln getrieben wird, statt sie zu benutzen. Das Gleiche gilt, wenn jemand ständig per Handy angerufen wird. Wer kennt nicht die Horden jener Getriebenen, die aus dem Flugzeug stürmen und das Handy herausreißen. Sie sind tatsächlich 45 Minuten zwischen Köln und München nicht erreichbar. Das empfinden sie offensichtlich als bedrohlich.

Unterscheiden Sie strikt nach Wichtigkeit. Nur wenige Dinge sind wirklich wichtig, noch weniger sind zudem eilig. Was eilig, aber nicht wichtig ist, kann notfalls warten. Auf wichtige, jedoch nicht eilige Sachen sollte man viel Denkzeit verwenden, sie müssen nicht sofort erledigt werden. Das alles erfordert Disziplin, Konzentration und Organisation.

Das Zurückdrängen visueller Eindrücke schaufelt Kapazitäten für das Denken frei. Kürzlich sprach ich mit einem sehr klugen Anwalt. Er berichtete, dass er grundsätzlich nicht fernsähe. Zum letzten Mal habe er am 11. September 2001 vor dem Fernseher gesessen. Selten schalte er sein Handy an, er benutze es meist nur, um selbst anzurufen. Schließlich werde er für sein Denken bezahlt und denken könne er nur, wenn er nicht ständigen Störungen durch Medien ausgesetzt sei. Dem kann ich nur zustimmen. Allerdings ist nicht jeder von uns in der glücklichen Lage, sich derart konsequent abschotten zu können.

Dennoch hat auch der durchschnittliche Manager größere Spielräume und mehr Möglichkeiten als er gemeinhin glaubt. Ich selbst habe beispielsweise die Zahl der Zeitschriften, die ich regelmäßig lese, radikal beschnitten. Die aktuelle Medienkrise hilft bei dieser Bereinigung, denn manche überflüssige Blätter sind einfach verschwunden. Als extrem effektive Informationsfilter lassen sich die Mitarbeiter einsetzen. Allerdings setzt eine derartige Delegation ein hohes Maß an Vertrauen und Kompetenz bei den Betroffenen voraus, zugegebenermaßen auch Mut zur Lücke.

Als Fazit gilt: Mehr denken ist gleichbedeutend mit weniger tagen, weniger reden, weniger telefonieren, weniger lesen, weniger sehen und fernsehen sowie weniger reisen. Das alles ist nicht neu, aber es wird im modernen Medien- und Alltagstrubel leider zu oft vergessen.

Strategie-Notstand

»Wir haben in den letzten fünf Jahren hart gearbeitet, die Kosten gesenkt, das Unternehmen fit gemacht. Unser Gewinn ist von 300 auf mehr als 600 Millionen Euro gestiegen. Wir befinden uns heute in Topform. Die Konkurrenz betrachtet uns mit Respekt. Aber, wenn ich ehrlich bin, für das Wachstum haben wir wenig getan. Wir werden auch weiter durch Akquisitionen expandieren. Doch schaffen wir damit Neues oder perfektionieren wir nur das Bestehende? Wissen wir eigentlich, wo wir hinwollen? Haben wir eine Strategie für die Zukunft?«, das sind die Worte des Vorstandsvorsitzenden eines großen deutschen Industrieunternehmens. Natürlich hört man so etwas nicht in der Öffentlichkeit, aber auf wie viele Unternehmen, große wie kleine, trifft eine ähnliche Diagnose zu? Oder sprechen wir von Umsetzung. Ein Topmanager in einem der zehn größten deutschen Unternehmen sagte mir: »Von den in den letzten 20 Jahren offiziell verabschiedeten strategischen Plänen sind bei uns höchstens ein Viertel effektiv umgesetzt worden.«

Es gibt einen klaren Strategie-Notstand! Nach den vielen Jahren der Kostensenkung und Rationalisierung tritt Ernüchterung ein. Wie geht es weiter? Wie lässt sich auf Wachstum umschalten, wenn die Grundlagen dazu in den vergangenen Jahren nicht gelegt worden sind? Schaut man zurück, hatten dann *Holzmann, Kirch, Photo Porst, Vivendi Universal* oder *Enron* eine Strategie? Natürlich gab es in all diesen Unternehmen zu jeder Zeit Papiere und Beschlüsse mit dem Aufdruck »Strategie«.

Aber ob dieses Prädikat verdient war, ist in der Mehrzahl der Fälle zweifelhaft. Jeder kennt die zahlreichen Geschichten vom »rein in das Geschäft, raus aus dem Geschäft«. Woran hakt es? Was wissen wir heute über Strategie und strategisches Management?

Was ist *Strategie*?

Zunächst ein Definitionsversuch: *Strategie ist die Kunst und die Wissenschaft, alle Kräfte eines Unternehmens so zu entwickeln und einzusetzen, dass ein möglichst profitables, langfristiges Überleben gesichert wird.* Der Terminus Strategie stammt aus dem Militärischen und wird insbesondere mit Carl von Clausewitz verbunden. Im Kontext der Unternehmensführung ist Strategie – trotz seiner heutigen weiten Verbreitung – ein junger Begriff. Sporadisch tauchte das Wort Strategie seit den sechziger Jahren im Fachjargon auf, aber erst nach 1980 wurde Strategie zu einem zentralen Begriff im Management. Auf dem Weg dorthin mäanderte Strategie zwischen Erfolgen und vielen Irrtümern. So wurde Strategie – je nach dem gerade modischen Schlagwort – mit *Erfahrungskurve, Produktportfolio, Wettbewerbspositionierung, Kernkompetenzen, Lean Management* oder *Reengineering* gleichgesetzt. In Wirklichkeit bedeutet Strategie etwas weit Komplexeres und Umfassenderes. Und einige der wichtigsten Elemente von Strategie tauchen in der Literatur und in der Diskussion überhaupt nicht auf. Was also umfasst Strategie?

Strategieelemente

1. *Wissen, was man will.* Der Wille, das meines Erachtens wichtigste Element von Strategie, existiert in der Managementwissenschaft nicht. Strategien werden nicht primär von Analysen, sondern vom Willen eines Einzelnen oder eines Teams getrieben. Der Wille versorgt das Unternehmen mit Energie.
2. *Wissen, was man nicht will.* Das ist genauso wichtig wie Punkt 1.

Denn nur eine eindeutige Position in dieser Frage vermeidet Ablenkung und ständige Richtungswechsel. Bill Gates hat hier eine seiner Stärken. In einem Interview aus dem Jahre 1998 sagt er: »Wir werden weder den Besitz von Telekom-Netzen oder Telefongesellschaften anstreben noch in die Systemintegration oder in die Beratung auf dem Feld Informationssysteme einsteigen.« Nur wer genau weiß, was er nicht will, kann sich voll auf das konzentrieren, was er will. Michael Porter geht noch einen Schritt weiter, wenn er sagt: »The essence of strategy is choosing what not to do.«

3. *Etwas Neues schaffen.* Strategie muss immer mit Innovation einhergehen. Diese kann durchaus nach innen gerichtet sein. *Aldi* verkauft zum Beispiel Produkte wie jeder andere Einzelhändler auch. Aber *Aldi* tut es auf eine innovative, eigentümliche Weise, mit anderen Prozessen, mit niedrigeren Kosten. *Aldi* macht fast alles anders als andere Handelsunternehmen. *Ryanair* und andere No-Frills-Airlines imitieren nicht die klassischen Fluggesellschaften, sondern machen fast alles anders. Strategie darf niemals Imitation sein. Daraus folgt zwangsläufig, dass Strategie mehr ist als Wissenschaft. Der französische Philosoph Henri Bergson hat schon 1907 darauf hingewiesen, dass sich Wissenschaft zwangsläufig mit dem Wiederholbaren beschäftigt, denn nur so kann sie Gesetzmäßigkeiten entdecken; und Karl Popper fordert in seinem Falsifizierbarkeitspostulat ausdrücklich die Reproduzierbarkeit. Strategie ist aber gerade das nicht Wiederholbare, das nicht Imitierbare. Genau hier liegt auch einer der großen Irrtümer der meisten Strategen: Sie sind ständig auf der Suche nach Gesetzmäßigkeiten von Strategie. Sie studieren die Erfolgsstories von gestern, um sie zu imitieren. Damit befinden sie sich aber auf dem Holzweg. Nur Kreativität, Originalität und Querdenken produzieren überlegene Strategien. »Find out what everybody else is doing, then do it differently«, lautet ein amerikanisches Motto. Das Problem besteht nur darin, dass einem niemand sagt, was »differently« heißt. Das muss man schon selbst herausfinden.

4. *Externe Chancen und interne Kompetenzen integrieren.* Die Strategieansätze der letzten 30 Jahre zeichneten sich durch eine jeweils einsei-

tige Betonung aus: Entweder standen die externen Chancen im Mittelpunkt (Portfolio, Wettbewerbsstrategie, Kundenzufriedenheit, Customer-Relationship-Management), oder die internen Aspekte wurden einseitig betont (Erfahrungskurve, Kernkompetenzen, Lean Management, Reengineering). Eine Strategie setzt jedoch die gleichgewichtige Behandlung beider Seiten voraus. Der Markt für Mobile Commerce mag zwar tolle Wachstumschancen bieten, das nutzt aber einer Firma, der die diesbezüglichen Kompetenzen fehlen, absolut nichts. Diese banale Einsicht wurde und wird ständig missachtet. Umgekehrt wird der beste Dampflokomotiven-Hersteller der Welt, trotz seiner tollen Kompetenzen, scheitern – weil niemand mehr Dampflokomotiven kauft. Die simultane Betrachtung der externen und der internen Aspekte ist bei Strategieplanern unbeliebt, denn lineares Vorgehen und einfache Instrumente versagen hier. Es ist zum Beispiel unklar, wo man beginnt: Von außen (also vom Kunden her kommend) oder von innen (also von den Kompetenzen kommend)? Solche Ambiguitäten vermeidet man lieber, sie passen nicht zum Bild des Strategen, der alles im Griff hat.

5. *Durchhalten.* Last, but not least heißt Strategie: durchhalten, Ausdauer, nicht aufgeben! Man könnte das Michelangelo-Wort »Genius ist ewige Geduld« in »Strategie ist ewige Geduld« abwandeln. Trotz der scheinbaren Schnelllebigkeit unserer Zeit und ihrer Märkte entstehen dauerhafte Erfolgspositionen nicht in kurzer Zeit. Vielmehr erfordern sie Visionen und Aktionen, die über Jahrzehnte reichen und einem konsistenten Strategiemuster treu bleiben. Zur Erinnerung: *Intel* ist mehr als 35, *Microsoft* mehr als 25 und *SAP* mehr als 30 Jahre alt – fürwahr keine Eintagserfolge beziehungsweise -fliegen!

6. *Strategie ist allumfassend.* Strategie ist nicht lang- versus kurzfristig. Strategie ist nicht übergeordnet versus detailorientiert. Strategie ist nicht zentral versus dezentral. Carl von Clausewitz hat diese Omnipräsenz von Strategie treffend apostrophiert: »Die Strategie muss mit ins Feld ziehen, um das Einzelne an Ort und Stelle anzuordnen und für das Ganze die Modifikationen zu treffen, die unaufhörlich erforderlich werden. Sie kann also ihre Hand in keinem Augenblick von dem Werke abziehen.«

Warum also haben wir einen Strategie-Notstand? Weil wir einen Mangel an Führungskräften haben, welche die Komplexität bewältigen, die der Strategie inhärent ist. Zusammenkommen müssen Intelligenz und Intuition, Rationalität und Emotion, Wille und Analyse sowie die Fähigkeit, das Ganze mit Menschen in reales Handeln umzusetzen. Nicht simplifizierende Lösungen und standardisierte Instrumente, sondern tiefgehendes Verständnis und dezidiertes Wollen sind gefragt. Strategie heißt in der Konzeptionsphase Fühlen und Denken. Dem muss als entscheidender Schritt das Tun folgen, oder wie Alfred Brittain, der frühere Vorstandsvorsitzende von *Bankers Trust*, es formulierte: »You can come up with the best strategy in the world – the implementation is 90 percent of it.«

Visionen

Als Bill Gates Anfang der achtziger Jahre seine Vision von einem weltumfassenden Software-Unternehmen propagierte, nahm ihn kaum jemand ernst. Zu jener Zeit wurde die Informationstechnologie von Hardware-Giganten wie *IBM* oder *Digital Equipment* beherrscht. Heute ist *Microsoft* eines der stärksten Unternehmen der Welt – die beispiellose Realisierung einer epochalen Vision. Auch *Ebay* ist eines der erfolgreichsten Unternehmen im Internet. Es entstand aus der Vision von Pierre Omidyar, der die Vernetzungsfähigkeiten des Internet frühzeitig erkannte und zur Schaffung einer Auktionsplattform nutzte. Nicht weniger gewagt waren die Ziele, die sich Jeff Bezos vor wenigen Jahren für sein Versandunternehmen *Amazon.com* setzte: Er wollte der beste und erfolgreichste Internet-Händler der Welt werden. *Amazon.com* gehört heute zu den bekanntesten Internet-Marken und zählt zu den wenigen Unternehmen, die im Internet dauerhaft Erfolg haben könnten. Noch mutiger und langfristiger war die Vision von Reinhard Mohn, der bereits in den fünfziger Jahren von einem weltweit operierenden Medienkonzern träumte. *Bertelsmann* machte damals wenige Millionen Euro Umsatz. Peter Drucker erzählte mir, dass er etwa um 1955 Reinhard Mohn traf, der ihm seine phantastisch klingenden Pläne vortrug. Unternehmen brauchen Visionen wie die von Gates, Omidyar, Bezos und Mohn. Eine der wichtigsten Aufgaben des Topmanagements besteht darin, »geistige Vorhut« zu sein und solche langfristigen Zielsetzungen zu formulieren. Die Aussage von Ortega y Gasset sollte für alle Führungskräfte gelten: »Fast niemand ist da, wo er ist, sondern sich selber voraus, weit voraus am Horizont seiner selbst, und von dorther lenkt und führt er das wirkliche, das gegenwärtige Leben. Jeder lebt aufgrund seiner Illusionen, als wären sie schon Wirklichkeit.« Die Vorwegnahme, der geistige »Vorvollzug« zukünftiger Entwicklungen, ist keine Aufgabe, die man delegieren kann.

Was heißt *Vision?*

Was ist nun eine Vision? Eine Illusion, eine Utopie, ein Traum oder etwas, das nahe an der Realität liegt, dessen zukünftige Realisation sich bereits abzeichnet? Das Phänomen Vision hat mehrere Dimensionen:

- Eine Vision hat Ziel- und Richtungscharakter.
- Eine Vision muss qualitativ und zeitlich über das Tagesgeschehen hinausgehen.
- Eine Vision darf nicht nur gedacht, sie muss auch kommuniziert und vorgelebt werden.

Eine Vision ist nichts Illusionäres, Imaginäres, keine »Erscheinung«, sondern ganz einfach eine Vorstellung davon, wo das Unternehmen in fünf oder zehn Jahren stehen sollte. Unternehmensgründer haben meist noch längere Visionshorizonte, die oft über Jahrzehnte reichen. Kürzlich sagte mir ein erfolgreicher Unternehmensgründer: »Ich denke in Jahrzehnten, dadurch komme ich zu anderen Entscheidungen als unsere kurzfristig orientierte Konkurrenz. Die Grundlagen unserer heutigen Überlegenheit wurden vor 20 Jahren gelegt und heute bauen wir an unserer Wettbewerbsposition für das Jahr 2020.«

Die strategischen Ressourcen des Unternehmens können nur dann zielgerichtet eingesetzt werden, wenn klar ist, wohin die Reise gehen soll. Nur dann werden die richtigen Dinge getan, ziehen die Mitarbeiter an einem Strang und in dieselbe Richtung, agiert das Unternehmen als Einheit und nicht als konfuser Haufen. Es gibt, um mit Wilhelm von Oranien zu sprechen, keinen günstigen Wind für den, der nicht weiß, wohin er segeln will. Die Bedeutung dieser Aspekte wächst, da das Gewicht strategischer, nicht auf das Alltagsgeschäft bezogener Aktivitäten in den meisten Unternehmen zunimmt. Hierzu zählen zum Beispiel Forschung und Entwicklung, Personalentwicklung, Aufbau dauerhafter Wettbewerbsvorteile, der Übergang vom Produktions- zum Serviceunternehmen oder die internationale Expansion. Um die Ressourcen für solche langfristig orientierten Maßnahmen effektiv zu steuern, müssen klare Vorstellungen über die Zukunft und die Position des Unternehmens in dieser Zukunft bestehen. Nichts anderes ist Vision!

Notwendigkeit visionärer Führung

Inwieweit hat aber die Unternehmenspraxis die Notwendigkeit der visionären Führung bereits erkannt und entsprechende Konsequenzen daraus gezogen? Obwohl sich die Situation schon etwas verbessert hat, bildet das Fehlen einer klaren Vision in vielen Unternehmen nach wie vor eine Schwachstelle. Mich verblüfft immer wieder, wie selten ich von Vorständen oder Geschäftsführern eine klare Antwort auf die Frage erhalte: »Wo soll Ihr Unternehmen in zehn Jahren stehen?« Ein Vorstandsvorsitzender, der kürzlich die Leitung eines Unternehmens übernahm, das zu den 30 größten in Deutschland gehört, sagte mir: »Die Vision, die ich vorfand, war sehr allgemein und unverbindlich. Wenn man den Namen weggelassen hätte, wäre das Unternehmen aus dieser Vision nicht erkennbar gewesen. Zudem fehlten jegliche quantitativen Festlegungen.« Dieser Fall ist durchaus typisch! Andere Firmen scheinen gar nach dem Motto zu handeln: »Nachdem wir das Ziel aus den Augen verloren hatten, verdoppelten wir unsere Anstrengungen«. Die Zahl der Fälle, in denen eine Diversifikation groß angekündigt und kurze Zeit später wieder davon Abstand genommen wird, häufen sich.

Zu oft drückt sich das Management vor einer gemeinsamen Prioritätensetzung. Zu wenig Zeit und Energie werden auf die Klärung grundlegender Fragen verwandt. Den folgenden Ratschlag des Psychologen Thomas Harris sollte sich jeder Manager ins Stammbuch schreiben: »Man muss sich Zeit nehmen für wichtige Entscheidungen in Grundfragen. Das macht zahlreiche kleine Entscheidungen überflüssig. Der erhöhte Zeiteinsatz bei den großen Dingen wird mehr als eingespart bei den zahllosen kleinen Entscheidungen, für die die Antworten dann klar sind.«

Freisetzung von Motivation und Energie

Neben der Zielausrichtung besteht ein zweiter Effekt von Visionen in der Freisetzung von Motivation und Energie. Visionen, mit denen sich die Mitarbeiter identifizieren, die sie mittragen, verleihen der Arbeit Sinn und Ziel, entfalten eine normative Kraft. Hierdurch entsteht eine Gravitation, die das ganze Unternehmen mit sich zieht. Antoine de Saint-Exupéry umschreibt dies plastisch: »Wenn du ein Schiff bauen willst, dann trommle nicht Männer zusammen, um Holz zu beschaffen, Aufträge zu vergeben und Arbeit zu verteilen, sondern lehre sie die Sehnsucht nach dem weiten, endlosen Meer.« Die Mitarbeiter wollen eine Vision.

Der Horizont einer Vision muss qualitativ und zeitlich über den Tag hinausreichen. In der zeitlichen Dimension ist ein weites Vorauseilen notwendig, damit der Gang der Zeit die Vision nicht zu schnell einholt. Umgekehrt darf die Vision sich jedoch nicht auf den »Sankt-Nimmerleins-Tag« beziehen, sonst verliert sie ihre Verbindlichkeit. In der qualitativen Dimension muss die Vision weit genug von der heute realisierten Situation entfernt sein, sie sollte jedoch stets so konkret bleiben, dass sie von den Betroffenen nicht als illusionär, inakzeptabel, absurd oder skurril erlebt wird.

Vision ist ein wohlklingendes Wort, bei dem sich Assoziationen zu großen Unternehmern oder bahnbrechenden Innovationen aufdrängen. Doch 90 Prozent der Geschäfte sind banalerer Natur, erwachsen aus kleinen, wenig spektakulären Verbesserungen. Welche Rolle spielen Visionen in solchen Fällen? Kann man überhaupt Visionen haben, wenn man Holzschrauben, Lkws oder Mineralwasser vermarktet? Vielleicht ist eine Vision hier sogar noch wichtiger als bei großen Durchbrüchen, denn diese entfalten zumeist eine starke Eigendynamik und besitzen genügend inhärentes Motivationspotenzial. Es ist schwieriger, aber nicht unmöglich, bei scheinbar banalen Geschäften eine inspirierende Vision zu finden. Beispiele wie die Erfolge der *Swatch*, die letztlich nur eine Uhr ist, oder von *Aldi*, mit alltäglichen, wenig prestigeträchtigen Produkten, belegen dies. Auch bei einfachen Produkten kann man der Beste sein!

Inhalte einer Vision

Der Herausarbeitung der Funktionen einer Vision und ihrer ausschlaggebenden Bedeutung für die Schaffung und Sicherung des langfristigen Unternehmenserfolgs schließt sich freilich die Frage an, welche Inhalte sie im Einzelnen aufweisen sollte. Im Grundsatz lassen sich sechs Visionsinhalte unterscheiden.

So können Visionen zum Ersten *neue Technologien* propagieren: In diese Kategorie fallen Visionen wie die von *Microsoft*, Pharmainnovationen, der Einsatz der Lasertechnik in Werkzeugmaschinen oder die Magnetbahn.

Zum Zweiten können *neue Märkte und die Nutzung neuer Distributionskanäle* im Mittelpunkt der Vision stehen: So sind die Visionen von Internet-Unternehmern weniger auf die Technologie als auf die Schaffung neuer Märkte und die Etablierung innovativer Informations- und Distributionskanäle für Produkte und Wissen gerichtet.

Als dritte Kategorie sind «*Imperiale*» *oder Eroberungsvisionen* anzuführen: Sie bieten sich an bei regionaler Expansion, beim Eintritt in neue Marktsegmente, dem Streben nach Marktführerschaft und Schmieden von Konzernen. Als Beispiel sei die Vision Jürgen Schrempps von *DaimlerChrysler* als einem weltumfassenden Autokonzern genannt.

Attraktiv sind Visionen, die sich auf die Erzielung der *Führerschaft bei Qualität, Service oder Kosten* richten: Mitarbeiter identifizieren sich gerne mit Visionen, die die Position des Besten, Ersten, Freundlichsten oder Schnellsten anstreben. Niemand ist gerne Mittelmaß.

Des Weiteren kann der Nukleus einer Vision im *Überholen oder Einholen eines Konkurrenten* bestehen: Kaum etwas motiviert stärker als der Kampf gegen einen starken Gegner. *Pepsi-Cola* war von der Idee, *Coca-Cola* zu schlagen, regelrecht besessen. *AVIS* machte das Ziel, den Marktführer *Hertz* auszustechen, in Form des »We try harder« zum Unternehmensmotto. Die Herausforderung, den Erzrivalen *Daimler* einzuholen, beflügelte *BMW*. Gegen beide wiederum trat *Audi* an.

Nicht zuletzt stellt auch die *Mitarbeiterorientierung* einen gewichtigen Inhalt dar: Unternehmen, in denen Wohlergehen und Entwicklung der Mitarbeiter zur Vision gehören, erreichen bei ihren Beschäftigten eine besonders hohe Identifikation mit entsprechenden Auswirkungen auf deren Motivation. Dieser Aspekt spielt bei *Hewlett-Packard*, *Gore* und in manchen jungen Unternehmen eine herausgehobene Rolle.

Der Weg zur Vision

Wie kommt man zu einer Vision? Unverzichtbare Grundlage ist eine sorgfältige Analyse zukünftiger Markttrends und interner Fähigkeiten. Eine gute Vision erwächst aus einer delikaten Balance zwischen Realitätssinn und Utopie. Sie darf nicht so utopisch sein, dass die Mitarbeiter nicht daran glauben, sie sollte andererseits ausreichend utopisch sein, um wirklich herauszufordern und Energien zu mobilisieren. Vision ist das gerade noch Machbare! Die Geschichte lehrt, dass Visionen nicht von Gruppen, sondern von Einzelpersonen, von »visionären Führern« ausgehen. Dies gilt gleichermaßen für unternehmerische, politische und religiöse Visionen. Christentum und Islam haben ihren Ursprung in visionären Führungspersönlichkeiten. Menschen wie Friedrich der Große, Napoleon, Bismarck oder Kennedy hatten Visionen. Ein wichtiges Ingrediens der Vision ist außerdem Mut. Denken wir an die Balance zwischen

Utopie und Realitätssinn, muss der Visionär hinnehmen, von seinen Zeitgenossen vorübergehend als Narr oder Fantast angesehen zu werden. Columbus, Galilei oder Einstein wurden ebenfalls lange Zeit nicht ernst genommen. Aber nach Oscar Wilde gilt, dass »Persönlichkeiten und nicht Prinzipien die Welt in Bewegung bringen«.

Eine kritische Bedeutung fällt der Kommunikation und der Vorbildfunktion zu. Gelingt es der visionären Führungspersönlichkeit nicht, Anhänger und »Jünger« für ihre Vision zu begeistern, wird sie scheitern. Der Visionär braucht ein gehöriges Maß an Charisma und muss die Vision leben; nur dann springt der Funke auf die Mitarbeiter über. Die Konsistenz von Wort und Tat bestimmt, ob die Mitarbeiter eine Vision internalisieren, sie umsetzen. Person und Vision sind daher nicht zu trennen.

Polarität

Ein wichtiger Aspekt der Kunst des Managements besteht darin, scheinbar Unvereinbares unter einen Hut zu bringen. Permanent müssen im Unternehmen Kompromisse zwischen sich widersprechenden Polaritäten gefunden werden. Soll man Mitarbeitern möglichst viel oder möglichst wenig Autonomie geben? Wird eine Aufgabe besser zentral oder dezentral angesiedelt? Welches Gewicht soll man der Ökologie gegenüber der Ökonomie zumessen? Sollen die Techniker oder die Marktleute bei der Entwicklung neuer Produkte das letzte Wort haben? Manager stehen ständig vor solchen Widersprüchen und müssen eine Lösung finden.

Diese wiederkehrenden Dilemmata erklären die Sehnsucht vieler Führungskräfte nach einfachen Rezepten. Die Managementliteratur ist nur zu gerne bereit, diesem Bedürfnis zu entsprechen. Je nachdem, was gerade *en vogue* ist, werden simplizistisch-einseitige Verhaltensregeln angeboten. Je dezentraler, je kundenorientierter, je eigenverantwortlicher, je schneller, je ökologischer, desto besser, heißt es dann. Häufig treten die Rezepte auch in Form des sich ausschließenden Entweder-oder auf: entweder Kosten oder Leistungsdifferenzierung, entweder Preis oder Qualität, entweder top-down oder bottom-up.

Doch selten ist die Festlegung auf einen Pol eines solchen Gegensatzpaares sachgerecht und optimal. Der Grund liegt darin, dass beide Pole Vor- und Nachteile haben. Nehmen wir die Polarität Zentralisierung versus Dezentralisierung: Zentralisierung gestattet die Durchsetzung einer gemeinsamen Vision, die Realisierung von Synergien, die bessere Nutzung von Ressourcen; gleichzeitig erzeugt sie jedoch, zu weit getrieben, Kundenferne, Inflexibilität und bürokratische Wasserköpfe. Die typische Antwort auf solche Nachteile ist eine massive Dezentralisierung, um deren Vorteile wie Kundennähe, Motivation, Unternehmertum zu erreichen. Geht man wieder zu weit, so resultieren Koordinationsmängel, Chaos, Widersprüche und egoistisches Verhalten der dezentralen Einheiten. Das führt zu erneuter Zentralisierung mit den bekannten Folgen. Die Reorganisationsmaschinerie kommt nie zum Stillstand. Ständig pulsiert sie zwischen den extremen Polen. Gleiches gilt für Markt- versus Technikorientierung, für autoritäre versus partizipative Führung und so weiter.

Wie sieht die Lösung dieses Dilemmas aus? Die Antwort ist: Es gibt keine Lösung! Zumindest keine eindeutige oder keine vom Entweder-oder-Typ. Es ist eine Illusion, dass sich die Regelung solcher Gegensätze klar, zweifelsfrei und längerfristig stabil bestimmen ließe. Es wird eine Grauzone bleiben. Diese lässt sich nur über ein gemeinsames Verständnis, eine von den jeweiligen Protagonisten akzeptierte Unternehmenskultur managen. Ein Problem, das heute dezentral erledigt wird, muss morgen vielleicht von der Zentrale an sich gezogen werden. Es kann bei einem neuen Produkt sinnvoll sein, heute der Technik und morgen dem Marketing das Übergewicht zu geben, je nach Situation. Das funktioniert jedoch nur, wenn Abschied genommen wird von simplizistischem Schwarzweiß-Denken, von der Illusion, es gäbe eine einzig-ewige Wahrheit.

Komplementarität

Häufig nützt es, die Gegensätze einfach nur anders zu interpretieren. Hermann Hesse sagt dazu: »Unsere Bestimmung ist, die Gegensätze richtig zu erkennen, erstens nämlich als Gegensätze, dann aber als Pole einer Einheit.« Ähnlich versuchte der Physiker Niels Bohr das von ihm entdeckte Gesetz der Komplementarität zu beschreiben: »Contraria non contradictoria, sed complementa sunt.« (Die Gegensätze widersprechen sich nicht, sondern ergänzen sich gegenseitig). Das chinesische Yin-Yang-Prinzip geht in dieselbe Richtung. Solche Einsichten können uns weiterhelfen.

Sind Technik- und Marktorientierung, wie immer wieder behauptet wird, wirklich Gegensätze? Oder bilden sie zwei sich ergänzende Dimensionen? Ich glaube, dass Letzteres zutrifft. Es gibt nämlich Unternehmen, die sind weder technik- noch marktorientiert. Man findet aber auch solche, die sowohl technik- als auch marktorientiert sind. Hierzu zählt zum Beispiel die Mehrheit der *Hidden Champions*, sie schaffen es, Technik und Markt gleichgewichtig unter einen Hut zu bringen. Allein diese Leistung erklärt einen Großteil ihrer herausragenden Erfolge. Großunternehmen sind hingegen zu mehr als 80 Prozent entweder technik- oder marktorientiert – aber nicht beides gleichzeitig.

Betrachten wir nun die Kompetenzen, welche die Grundlage eines Wettbewerbsvorteils bilden. Diese können nur dann dauerhaft einen Wettbewerbsvorteil generieren, wenn sie im Unternehmen verankert werden und gegenüber dem Zugriff potenzieller Imitatoren geschützt werden. Anderseits liegt jedoch in dieser Bewahrung bestehender Kompetenzen das Risiko, neue Entwicklungen zu versäumen und die Kompetenzen nicht dementsprechend weiterzuentwickeln.

Ein ähnliches Dilemma entsteht häufig in Unternehmenskooperationen, wie internationalen strategischen Allianzen. Solche Allianzen werden häufig von der Motivation getrieben, neues Wissen zu erlangen, über das der Partner verfügt. Umgekehrt ist solches Wissen oftmals die Grundlage eines Wettbewerbsvorteils, und die Unternehmen sind daher nicht ohne weiteres bereit, dieses Wissen an den Partner weiterzugeben.

Es entsteht ein »Lerndilemma«, wenn jeder vom anderen einerseits viel lernen und andererseits möglichst wenig Wissen weitergeben will. Ähnliche Überlegungen lassen sich für die Führung anstellen. Soll Führung autoritär respektive top-down oder partizipativ respektive bottom-up sein? Meines Erachtens soll beides gelten: autoritäre Führung in den Grundprinzipien, -zielen und -werten des Unternehmens, partizipative Führung in den Details der Umsetzung, den Prozessen, dem alltäglichen Geschäft. Um die Grundwerte kann es keine ständige Diskussion geben, sie lassen sich nicht sinnvoll per Konsensmanagement festlegen, sondern müssen von der Geschäftsleitung autoritär bestimmt werden. Die Entscheidung darüber, wie die Grundwerte ausgeführt, die Ziele erreicht werden, sollte hingegen möglichst weit nach unten delegiert werden. Autoritäre und partizipative Führung sind in diesem Sinne keine Gegensätze, sondern Komplemente, die sich äußerst sinnvoll ergänzen können.

Vom Entweder-oder zum Sowohl-als-auch

Nahezu alle Polaritäten, die auf den ersten Blick unvereinbar erscheinen, lassen sich auf diese Weise uminterpretieren. Letztendlich bedeutet dies, dass wir von dem Management-Paradigma des Entweder-oder zu einem solchen des Sowohl-als-auch kommen müssen. Ein Unternehmen sollte sowohl kunden- als auch technikgetrieben sein. Die Strategie sollte sich sowohl an externen Chancen als auch an internen Ressourcen ausrichten. Die Innovation muss sowohl auf das Produkt als auch den Prozess abzielen. Ein Markt kann sowohl eng (Technologie, Kundengruppe) als auch gleichzeitig weit (regional, zum Beispiel Weltmarkt) definiert werden. Man muss sowohl auf Effektivität (langfristig) als auch Effizienz (kurzfristig) achten.

Diese Sowohl-als-auch-Liste ließe sich beliebig fortsetzen. Sie zeigt durchaus Parallelen mit der sich allmählich durchsetzenden Einsicht, dass langfristiger Erfolg selten auf extremer Überlegenheit bei einem einzigen herausragenden Faktor beruht. Vielmehr resultiert der Erfolg zumeist daraus, dass ein Unternehmen viele kleine Dinge etwas besser tut als seine Konkurrenten. Selbst *Aldi* ist nicht erfolgreich, nur weil seine Preise niedrig sind. Sein Erfolg beruht vielmehr auf der Kombination von gesicherter Qualität und niedrigen Preisen. *Aldi* hat sowohl akzeptable Qualität als auch niedrige Preise.

Die Existenz und das Uminterpretieren derartiger Polaritäten machen allerdings das Leben für den Manager nicht einfacher. Sie erfordern jedenfalls noch schärferes Nachdenken. Aber selbst das ist nicht neu: Als Test für einen erstklassigen Geist bezeichnete schon der amerikanische Schriftsteller Scott Fitzgerald (1896 – 1940) »die Fähigkeit, zwei gegensätzliche Ideen gleichzeitig im Kopf zu haben, und dennoch geistig voll funktionsfähig zu bleiben«. Das klingt nach einer echten Herausforderung und nach Realitätsnähe.

Eine Warnung sei jedoch angebracht. Das Sowohl-als-auch-Paradigma darf nicht zu faulen 50:50-Kompromissen führen. Es geht nicht darum, Lösungen zu finden, die alle Beteiligten ein bisschen zufrieden stellen, sondern Ziel muss sein, bei jedem Pol möglichst viele Vorteile zu realisieren, ohne sich gleichzeitig dessen Nachteile einzuhandeln. Das ist kein politisches, sondern ein sachbezogenes Spiel.

Das Polaritätenmodell gestattet im Übrigen eine tröstliche Prognose: Alles, was zu stark in ein Extrem abdriftet, wird wieder zurückkommen. Das gilt für Börsenkurse genauso wie für Managementpraktiken. Wer allein diese einfache Einsicht behält und beherzigt, der ist gegen viele Dummheiten gefeit. Denn Dummheit besteht meist in einseitiger Übertreibung, in falschem Verständnis der Polarität als reinem Gegensatz und daraus folgendem Entweder-oder-Verhalten. Klugheit heißt oft nicht mehr, als hinter dem scheinbaren Gegensatz das Komplementäre zu erkennen und dies in Sowohl-als-auch-Verhalten umzusetzen.

Kapitel 2
Entscheidend: Gute Führung

Zeit der Führung

Ob die Unternehmensführer die realen Entwicklungen bestimmen oder die realen Entwicklungen bestimmte Führungstypen ans Ruder gelangen lassen, ist eine ungelöste Frage. Persönlich neige ich zur zweiten These. Jede Zeit hat ihren Führungstypus. Unsere ökonomisch härteren Zeiten bringen demnach andere Führungspersönlichkeiten und -stile hervor. Während die vergangenen Jahrzehnte durch das Vordringen des wissenschaftlichen Managements, die Dominanz von Analyse und Planung und stark gruppenorientierte Entscheidungsprozesse gekennzeichnet waren, bekennen sich Top-Führungskräfte neuerdings zunehmend zu Eigenschaften wie Willens- und Umsetzungsstärke, zu Macht- und Führungsanspruch. Einer Studie zu Führungsqualitäten zufolge sind dies genau die Fähigkeiten, die zur Bewältigung der drängenden Probleme gebraucht werden. An der Spitze der Anforderungsliste stehen Durchsetzungsvermögen, Entscheidungskraft, Leistungsorientierung und Konfliktstärke, während Anpassung, Einfühlungsvermögen und Teamfähigkeit mittlerweile abgeschlagen rangieren.

Härtere Zeiten erfordern nicht nur härtere Führungstypen, sondern bringen sie auch hervor. Schumacher bei *Infineon*, Geißinger bei *INA*, Schrempp bei *DaimlerChrysler* oder Wiedeking bei *Porsche* sind Beispiele für den neuen Typus. Es gibt natürlich auch besonders extreme Ausprägungen, etwa Neukirchen bei *mg technologies*. Unter der Ägide neuer Unternehmensführer beobachtet man oft in kurzer Zeit Veränderungen, die früher nicht möglich schienen oder deren Umsetzung ungleich länger dauerte. Liegt dies an der Kraft der neuen Führung oder ist die Zeit einfach reif für solche Umbrüche? Meines Erachtens lassen sich diese beiden Ursachen nicht trennen.

Wichtiger ist, dass seitens der Topmanager wieder ein klarer Führungsanspruch gelebt wird. Vielleicht dokumentiert sich hier auch eine Emanzipation von der historischen Belastung der Begriffe Führer und Führerschaft in Deutschland. Wenn man bedenkt, dass es Redaktionen gab (noch gibt?), in denen der Gebrauch des Wortes »Führer« verboten war, wird klar, wie tief dieses Trauma saß. Die neue Generation von Führungskräften hat die Nazizeit allenfalls noch als Kinder erlebt und geht insofern unbelasteter an das Phänomen Führerschaft heran, das etwas anderes bedeutet als der gebräuchliche, neutralere Terminus »Führung«. Noch auffallender ist auch der Unterschied zu den USA, wo »Leader« und »Leadership« nicht nur unbelastete, sondern ausgesprochen positiv besetzte Begriffe sind.

Was ist Führerschaft?

Was ist eigentlich ein Führer? Unter den vielen Definitionen, die ich kenne, gefällt mir die folgende am besten: Ein Führer ist jemand, der Menschen dazu bringt, Dinge zu schaffen, die sie allein nicht schaffen würden. Man beachte, dass diese Definition völlig wertneutral ist. Führerschaft kann – genau wie Technologie, Medien, Schule – zu Gutem wie zu Bösem genutzt werden.

Gerade in Zeiten radikalen Wandels kann und darf auf Führerschaft jedoch nicht verzichtet werden. Ein Mangel an Führungsstärke bedeutet in solchen Situationen für einzelne Unternehmen wie für die Gesellschaft insgesamt eine große Gefahr. Das Führungsvakuum an der Spitze unseres Staates ist für die Wiederherstellung unserer Wettbewerbsfähigkeit eine Katastrophe. Auch gruppenorientierte Führungssysteme sind häufig nicht in der Lage, das Ruder mit der nötigen Entschlossenheit und

Schnelligkeit herumzureißen. Denn sie neigen zu Kompromissen, langwierigen Entscheidungsprozessen und Umsetzungsschwächen. Ein Beispiel ist die deutsche Universität, die an einem gravierenden Mangel an Führung leidet und deren Selbstverwaltung immer mehr zur Selbstlähmung ausartet. Kein Unternehmen könnte es sich leisten, derart die Zeichen der Zeit zu verkennen und dahinzudriften.

Was macht nun gute Führerschaft aus? Führerschaft ist eines der am schlechtesten erforschten sozialen Phänomene. »Es ist eine Ironie, dass Manager und Wissenschaftler praktisch noch nichts über das Wesen der Führung wissen, also darüber, warum manche Menschen folgen und andere führen. Führung bleibt ein mysteriöses Phänomen,« sagt Henry Mintzberg. Obwohl wir alle, sei es als Führer, sei es als Geführte, betroffen sind, verstehen wir letztlich nicht, warum wir den einen als Führer anerkennen und ihm folgen, den anderen aber ablehnen. Führungspersönlichkeiten sind so unterschiedlich wie die Menschen im Allgemeinen. Unter ihnen finden sich extrovertierte wie introvertierte Typen, große Kommunikatoren genauso wie große Schweiger. Man sieht ihnen die Führerschaft nicht an, man spürt sie allenfalls. Der Schriftsteller Franz Blei schreibt: »Lenin sah ich und sprach ich in München 1901 öfter. Hat man es ihm angesehen? Dieser Frage begegnet man öfters, wenn man sagt, dass man vor ihrer großen Zeit Lenin oder andere gekannt habe. Nein, nichts hat man ihnen angesehen als die sie in allen Punkten ihres Lebens bestimmende Passion. Tausende und Zehntausende besitzen sie. Alle bereiten sich auf den großen Tag vor. Aber dann steht zufällig einer von ihnen im Schnittpunkt der Geschehnisse, und es kann nur einer dastehen, denn mehr Platz als für einen ist nicht da. Er findet das Wort, auf das ihm die Masse zufällt, er gibt dem unartikulierten Gefühl der Masse das geformte Wort des Bewußtseins.« Ähnlich beschreibt der Leadership-Guru Warren Bennis das unerklärliche Phänomen des Führers: »... es gibt einen X-Faktor, der den Kern trifft. Der Führer weiß, was wir wollen und was wir tun müssen, bevor wir es selber wissen. Er drückt diese unbewußten Sehnsüchte durch all das aus, was er sagt und was er tut.«

Brauchen wir härtere Führungstypen?

Der letzte Satz von Bennis' Zitat trifft unsere aktuelle Situation zu Anfang des 21. Jahrhunderts auf den Punkt. Denn ich bin überzeugt, dass immer mehr Menschen die Notwendigkeit radikaler Veränderungen intuitiv einsehen und erkannt haben, dass wir nicht in einem ökonomischen Traumland leben können. Der Boden für eine Neuorientierung ist also bereitet. Dennoch sind die neuen, härteren Führungstypen notwendig, um das ungeheure Trägheitsmoment des *Status quo* zu brechen. Ich habe den Eindruck, dass sich die Mitarbeiter und selbst Gewerkschafter und Betriebsräte in vielen Unternehmen nach einer starken Führerschaft sehnen, obwohl sie wissen, dass diese schmerzliche Einschnitte und Unannehmlichkeiten bringen wird. Im Grunde haben die Menschen keine Achtung vor Konformismus, sondern bewundern und respektieren Stärke und Durchsetzungsfähigkeit. Und in turbulenten Zeiten erkennen sie durchaus, dass kurzfristige Bequemlichkeit und langfristige Unternehmenssicherung immer unvereinbarer werden.

Diese Überlegungen beinhalten direkte und konkrete Implikationen für die Reorientierung von Unternehmensführung und die Auswahl von Führungskräften. In den letzten Jahrzehnten des 20. Jahrhunderts waren kognitive Faktoren wie Intelligenz, akademische Ausbildung und Analysefähigkeit für die Karriere zunehmend wichtiger geworden. Diese Kriterien haben den großen Vorteil der Messbarkeit und Vergleichbarkeit. Doch im gleichen Zuge gerieten entscheidende Eigenschaften wie Willensstärke, Energie, Anspruch auf Führerschaft und Unternehmertum ins Hintertreffen. Es wird höchste Zeit, dass wir diesen Fähigkeiten, die in der wissenschaftlichen Managementlehre faktisch nicht existieren, wieder größere Bedeutung zumessen. Sie müssen bei der Selektion von Führungskräften zumindest gleichberechtigt neben die kognitiven Kriterien treten, wenn nicht sogar höher gewichtet werden. Auch in unserem Bildungssystem werden diese Fähigkeiten nicht systematisch gefördert, wenn nicht sogar unterdrückt. Das muss anders werden.

Ich habe im letzten Jahr Dutzende von Interviews mit Unternehmensgründern und -chefs geführt, deren Firmen in ihren Märkten weltweit die Nummer eins sind, die so genannten *Hidden Champions*. So verschieden diese Typen im Einzelnen gewesen sein mögen, eines hatten sie alle gemeinsam: die Ausstrahlung enormer Energie und den klaren Anspruch auf Führerschaft in ihren Unternehmen und ihren Märkten. Das sind die Triebkräfte, welche die *Hidden Champions* an die Spitze der Weltmärkte katapultiert haben. Nichts braucht ein Unternehmen mehr.

Näher ran!

Was haben die Skandale der letzten Jahre – *FlowTex, Holzmann, EM-TV, ComROAD, Vivendi Universal, Enron* oder der klassische Fall des Immobilienentwicklers *Schneider* – gemeinsam? Neben den vielfach diskutierten ethischen Fragen sind es meines Erachtens vor allem zwei Aspekte: die Auswahl der falschen Personen und mangelnde Geschäftsnähe. Unter beiden Aspekten sind in allen Fällen gravierende Schwächen zu diagnostizieren.

Sorgfältige Auswahl des Topmanagements

Die Vorstellung, dass Aufsichtsräte ihre Vorstände ausschließlich anhand von Kennzahlen, gedruckter Informationen oder Präsentationen der Betroffenen wirksam kontrollieren können, ist naiv. Der Aufsichtsrat hat einen Hebel in der Hand, der alle anderen Einwirkungsmöglichkeiten weit übertrifft: die Auswahl der Vorstände. Dabei handelt es sich nicht um einen einmaligen Vorgang, sondern die entsprechenden Personen sind hinsichtlich ihrer Vertrauenswürdigkeit, Ehrlichkeit und selbstverständlich auch Fachkompetenz ständig auf den Prüfstand zu stellen. Gerade die schwer fassbaren Konstrukte wie Vertrauen, Anstand oder Ehrlichkeit halte ich für die unverzichtbaren Fundamente einer wirksamen Kontrolle. Vertrauen und Kontrolle sind im Übrigen keine sich gegenseitig ausschließenden Elemente im Sinne des Leninschen Prinzips »Vertrauen ist gut, Kontrolle ist besser« (oder auch des neuerdings beliebteren »Kontrolle ist gut, Vertrauen ist besser«). Meines Erachtens ist die richtige Aussage: Kontrolle ist nur durch kritisches Vertrauen erreichbar. Kein Aufsichtsrat ist dagegen gefeit, dass ihn ein Vorstand, der es darauf anlegt, zumindest für eine gewisse Zeit an der Nase herumführen kann. Das Gleiche gilt für Holding-Vorstände gegenüber den operativen Unternehmensleitern oder auch in der Zusammenarbeit zwischen Vorstand und Geschäftsbereichsleitungen. Ist es nun so, dass Ehrlichkeit, die alleinige Grundlage für Vertrauen, in den Unternehmensspitzen zunehmend in den Hintergrund tritt?

Eine ungeschminkte Sicht der Realität ist hier angezeigt: Der Druck, unangenehme Nachrichten zu verbergen oder zumindest möglichst lange aufzuschieben, ist in den meisten Unternehmen ungeheuer groß und ohne Zweifel mit dem verschärften Wettbewerb stärker geworden. Negative Planabweichungen, Fehlkalkulationen oder sonstige Pannen werden so lange wie möglich unter dem Deckel gehalten. Vielfach bildet dann diese Haltung den Einstieg in einen *Circulus vitiosus*: Aus kleinen Lügen am Anfang entwickelt sich der Zwang zu immer größeren Betrügereien, begleitet von der vergeblichen Hoffnung, dass ein Wunder geschehen möge – ein Wechselkursumschwung, ein neuer Auftrag, der die entstandenen Verluste überdeckt, eine Ausdehnung der Kreditlinien oder Ähnliches. Völlig unverständlich ist dabei, dass offenbar ganze Gruppen bei solchen Lügenkartellen mitmachen. Bei den genannten Unternehmensskandalen müssen stets viele Beteiligte eingeweiht gewesen sein. Wie verrottet waren die Ethikkulturen in diesen Unternehmen?

Die Konsequenz aus diesem skandalösen Teufelskreis muss lauten: Wehret den Anfängen! Aus dieser Maxime leiten sich höchste Anforderungen an die Ehrlichkeit ab, vor allem in kleinen Dingen. Obwohl eigentlich selbstverständlich, rate ich, die absolute Ehrlichkeit nach innen wie nach außen zu einem Unternehmensprinzip zu erheben. Von diesem Prinzip darf es keine Abweichungen geben. Wer lügt, der fliegt! Allerdings erfordert dieses Prinzip von den Vorgesetzten und Aufsichtsorganen, dass der Überbringer schlechter Nachrichten nicht bestraft wird.

Keine Chance für Blender

Eine extrem wichtige Ursache des Drucks und des Zwangs, Potemkinsche Dörfer aufzubauen, liegt in unseren lähmenden Fixkostenstrukturen. Wer kein Personal abbauen und damit auch keine Fixkosten reduzieren kann, der wird mit aller Gewalt versuchen, Beschäftigung ins Unternehmen zu holen. Das ist dann der Boden, auf dem völlig unrealistische Kalkulationen und Preisangebote gedeihen. Zahlen werden geschönt und Umsätze durch Luftbuchungen hochgetrieben.

Das ist die Stunde der großen Blender. Denn eine weitere frappierende Gemeinsamkeit aller oben genannten Skandale ist, dass hier scheinbar Stars am Werk waren. Thomas Haffa von *EM-TV* war ein gefeierter Liebling des Neuen Marktes. Schneider war der ungekrönte Immobilienkönig. Manfred Schmider galt mit *FlowTex* als Vorzeigeunternehmer. Und Jean-Marie Messier erlangte mit dem radikalen Umbau des Wasserkonzerns *Générale des Eaux* zum Telekommunikations- und Mediengiganten *Vivendi Universal* Weltberühmtheit. Auch *CommROAD* präsentierte bis zuletzt beeindruckende Umsätze. Und wer hätte mit dem Untergang eines Riesen wie *Enron* gerechnet – ganz davon zu schweigen, dass ein Traditionsunternehmen wie *Arthur Andersen* im selben Strudel verschwand?

Was kann man aus diesen Beobachtungen lernen? Bleiben Sie nüchtern und lassen Sie sich nicht blenden – weder von spektakulären Erfolgen noch von charismatischen Persönlichkeiten. Ja, ich gehe sogar einen Schritt weiter: Wenn es zu spektakulär, zu charismatisch wird, und wenn es zu schnelle Erfolge gibt, dann sollte die rote Lampe aufleuchten. Denn, wir alle wissen: In der Wirtschaft gibt es keine Wunder. Und fast alles, was mirakulös aussieht, erweist sich als ein mit heißer Luft gefüllter Ballon, der früher oder später platzt.

Zu Aufsicht und Kontrolle gehört auch eine gewisse Distanz. Lassen Sie sich nicht vereinnahmen. Blender spielen meist virtuos auf der Klaviatur gesellschaftlicher Ereignisse, großer Auftritte und der Hochstapelei. Die von ihnen erzeugten Eindrücke und Wahrnehmungen sind dem kritischen Urteil abträglich. Nichts ist schwerer, als Personen zu beurteilen.

Umso mehr Aufmerksamkeit sollten die Verantwortlichen auf diese Beurteilungen verwenden. Nur dann können sie den Grad ihres Vertrauens maximieren und damit auch ihre Kontrolle zu höchster Effektivität bringen. Brun-Hagen Hennerkes, Wirtschaftsanwalt in Stuttgart, sagt: »Ein Gramm Charakter ist mehr wert als ein Kilo Sachverstand«. Ich widerspreche ihm nicht, aber ich halte beides für unabdingbar – Charakter und Sachverstand kiloweise!

Wenn der Bodenkontakt fehlt ...

Nicht weniger gravierend ist die zweite oben angesprochene Schwäche, die mangelnde Geschäftsnähe, der fehlende Bodenkontakt. Auch hier bedarf es radikaler Veränderungen. Wie ist es für jemanden, der mit einigermaßen gesundem Menschenverstand die Dinge beurteilt, erklärbar, dass die *FlowTex*-Geschäftsführer gegenüber professionellen Wirtschaftsprüfern und Bankern ein Imperium von Luftschlössern, Tausende von nichtexistierenden Maschinen, vorgaukeln konnten? Wie konnte *ComROAD* ein Forderungsvolumen produzieren, welches nahezu vollständig erfunden war?

Ich habe mit vielen Betroffenen, Beteiligten und Branchenkennern über diese Fragen gesprochen. Immer wieder wurde der Mangel an Geschäftsnähe als Ursache genannt. Ein Hamburger Immobilienexperte sagte mir, die von Schneider in Hamburg gezahlten Preise seien von Anfang an um 50 Prozent zu hoch gewesen. Der Vorstand einer großen Bank, die mit leichteren Blessuren davonkam, erzählte mir, man habe die Geschäftsbeziehung mit Schneider in einem sehr frühen Stadium beendet. Ursache war, dass man an Schneider ein Objekt verkaufte, für das er einen völlig überhöhten Preis zahlte. Dies, so der Vorstand, habe ihm gezeigt, dass dies nicht gut gehen könne. Er hatte Glück. Wieso überzeugen sich Aufsichtsräte, Vorstände, Wirtschaftsprüfer nicht vor Ort, wie die Dinge wirklich stehen?

Allerdings verhalten sich auch die Aktionäre widersprüchlich. So besichtigte ein Aufsichtsrat, dem ich früher einmal angehörte, die amerikanischen Werke des Unternehmens, besuchte auch amerikanische Kunden, um sich ein realistisches Bild zu verschaffen. Auf der Hauptversammlung gab es dann jedoch großes Geschrei, weil der Aufsichtsrat teure Luxusreisen in die USA unternehme. Dabei ist klar, dass solche persönlichen Eindrücke, nicht zuletzt von den vor Ort agierenden Managern, ein weitaus fundierteres Bild ergeben als jede »Papierinformation«, die man in den Sitzungen in Deutschland erhält. Meines Erachtens müssten Aufsichtsräte viel häufiger vor Ort gehen, um handfeste, geschäftsnahe Beurteilungsgrundlagen zu sammeln.

Ein Grundproblem unserer Wirtschaft besteht offenbar darin, dass vieles zu stark theoretisiert beziehungsweise akademisiert ist. Kennzahlen, abstrakte Informationen oder Papiervorlagen gelten als Substitute für die hautnahe, eigene Erfahrung. Banker, Aufsichtsräte und Wirtschaftsprüfer leben zu stark in einem Elfenbeinturm, in dem Geschäft auf abstrakte Information reduziert ist. Wir müssen wieder stärker zurück zur Basis – mit Kunden, mit Mitarbeitern und mit Betroffenen sprechen. Ich kenne viele in den Topetagen, denen eine stärkere Geschäftsnähe gut täte.

Dahinter steckt auch eine zu hohe Komplexität unserer Unternehmen. Wie will der Vorstand einen Konzern mit Hunderten von Geschäftseinheiten im Auge behalten? Ich halte dies schlicht für unmöglich. Kennzahlensysteme sind immer retrospektiv: Sie melden erst dann Alarm, wenn das Kind in den Brunnen gefallen ist, und nicht, wenn es um den Brunnen herumtanzt. Hier hilft nur die Zurückführung auf einfachere Strukturen, die Konzentration auf Kerngebiete und die Trennung von Randaktivitäten bis hin zur Zerschlagung komplexer Unternehmen.

Skandale wird es auch in Zukunft geben. Doch wenn simple Grundsätze wie rigorose Ehrlichkeit einerseits sowie hohe Geschäftsnähe andererseits konsequenter praktiziert werden, so sollten sich viele Pannen der Vergangenheit vermeiden lassen. Kein noch so raffiniertes Kontrollsystem kann diese einfachen Prinzipien ersetzen.

Fall der Sterne

Einer der besten Frühindikatoren kommender Probleme ist der Aufstieg von Unternehmen oder Managern zum bewunderten Star. Wer in der Bewunderung der Medien nach oben steigt, wer in Hitlisten vordere Plätze einnimmt, wer zum vielbegehrten Referenten wird, der sei gewarnt: Solchem Sternenruhm folgt meist der Niedergang. Die empirische Evidenz ist überwältigend. *IBM* war sieben Jahre lang, von 1979 bis 1985, »the most admired company« in den USA. Wenige Jahre später trat ein Niedergang bei Gewinn, Börsenwert und Beschäftigtenzahl ein, der unglaubliche Dimensionen hatte. Als Nachfolger von *IBM* nahm in den nächsten Jahren die Pharma-Firma *Merck* den Platz des meistbewunderten amerikanischen Unternehmens ein, nur um in zwei Jahren rund 20 Milliarden Dollar an Börsenwert zu verlieren. *General Electric* war unter Jack Welch lange Zeit das bewunderte und am höchsten bewertete Unternehmen der Welt. Doch bereits kurz nach seinem Rücktritt blättert der Lack genauso vom Unternehmen ab wie von Welch selbst.

Was ist aus den Managerstars von gestern geworden? Jan Carlzon, in den achtziger Jahren gefeierter Supermanager, Buchautor und begehrter Redner, der *Scandinavian Airlines System (SAS)* zur besten Fluggesellschaft für Geschäftsreisende und zum umfassenden Reiseimperium machen wollte, hinterließ einen Trümmerhaufen. Percy Barnevik, vor wenigen Jahren noch ein gefeierter Starmanager, schied bei *ABB* unter äußerst unschönen Umständen aus. Sein Erbe ist eine mehr als ungewisse Zukunft für das Unternehmen. Getragen von der Börseneuphorie der späten neunziger Jahre baute Jean-Marie Messier in einem radikalen Expansionskurs den Wasserkonzern *Générale des Eaux* zum Telekommunikations- und Mediengiganten *Vivendi Universal* um. Messier wurde als Star der Szene bewundert, bis die Realität das Kartenhaus zum Einsturz brachte. Die zu überhöhten Preisen gekauften Beteiligungen zwangen *Vivendi Universal* zu radikalen Kurskorrekturen. Die Liste der Beispiele ließe sich beliebig erweitern.

»Fall der Sterne« als Frühindikator

Die überwältigende empirische Evidenz legt die Formulierung der folgenden Gesetzmäßigkeit nahe: Der Aufstieg zum vielbewunderten Star ist für Unternehmen wie für Manager ein ausgezeichneter Frühindikator für bevorstehende Probleme. Ich bezeichne diese Regel als das »Gesetz vom Fall der Sterne«. Doch wer eine Gesetzmäßigkeit formuliert, sollte auch eine Theorie haben, das heißt Gründe und Ursachen für den kausalen Zusammenhang benennen. Es ist nicht allzu schwer, für das »Gesetz vom Fall der Sterne« eine Theorie zu formulieren und Ursachen zu identifizieren. Der Zusammenhang ist allerdings nicht monokausal begründet, sondern es kommen meist mehrere Ursachen zusammen.

Die wichtigste und einfachste Ursache dafür, dass Starpositionen wie Seifenblasen zerplatzen und sich in nichts auflösen, liegt darin, dass sie keine in einer Leistung begründete Substanz hatten. Es gibt in der Realität keine wirklichen Superstars und Superleistungen – oder allenfalls in extrem seltenen Ausnahmefällen. Ungewöhnliche, die Aufmerksamkeit der Medien und des Publikums auf sich ziehende Erfolge beruhen meist nicht primär – jedenfalls nie ausschließlich – auf Leistung, sondern immer auch auf Glück. Jemand erwischt genau im richtigen Moment einen Boom, eine Welle, die ihn nach oben trägt. Ein günstiger Wechselkurs schwemmt »Windfall-Profits« in die Kasse. Es gelingt eine Innovation, die nicht nur einen Durchbruch bedeutet, sondern in der Folge einem Unternehmen für Jahre eine patentgeschützte Monopol-Position gewährt. Ein Marketing- oder Werbetrick erweist sich als der große Hit. Beispiele für Modewellen sind der Hula-Hoop-Reifen aus den sechziger Jahren, Computerspiele wie *Atari* Anfang der achtziger Jahre oder *Nintendo* und *Sega* in der jüngeren Vergangenheit. *Porsche* fuhr Mitte der achtziger Jahre aufgrund extrem günstiger Dollarkurse Supergewinne ein, und der seinerzeitige Vorstandsvorsitzende Peter Schutz genoss die Sonne dieses Ruhms ausgiebig. Die Jahre der Traurigkeit folgten auf dem Fuße. Erst nach mehreren Wechseln im Vorstandsvorsitz kam *Porsche* unter Wendelin Wiedeking wieder auf die Beine und stieg zu neuen Höhen auf. Der Internet-Boom spielte vielen Firmen fantastische Summen in die Kasse. Der Absturz danach ist bekannt. Einer der letzten Stars, Steve Case von *AOL*, fiel im Jahre 2003.

Schwachpunkt Publicity-Orientierung

Solche Supererfolge sind *per se* eigentlich nichts Schlimmes – im Gegenteil! Aber sie zeitigen in der Regel mehrere unvorteilhafte Konsequenzen. Zum einen neigen die verantwortlichen Manager dazu, die Erfolge nicht den glücklichen Umständen, sondern ihren eigenen herausragenden Fähigkeiten und Leistungen zuzuschreiben. Dies führt zu völlig unangebrachten Selbstbewusstseinsschüben, Überlegenheitsgefühlen und Hybris. Von dort ist es nicht weit zum Mythos der Unfehlbarkeit, zu unvorsichtigem Umgang mit dem vielen Geld, das in der Kasse liegt, zu Fehlinvestitionen und übermäßigem Personalausbau. So stellte *Nixdorf* Mitte der achtziger Jahre auf der Höhe des Erfolges in einem einzigen Jahr 4 000 neue Mitarbeiter ein, aus späterer Sicht ein kaum noch nachvollziehbarer Vorgang. Oder die *Deutsche Telekom*, die zu einem astronomischen Preis die Mobilfunkfirma *Voicestream* kaufte.

Viele der Stars neigen außerdem dazu, den Erfolg in der Öffentlichkeit auszukosten. Dieses Bedürfnis wird massiv durch Medien, Verbände und Seminarveranstalter gefördert, indem sie die Erfolgreichen als Autoren, Interviewpartner und Referenten begehren. Die Versuchung, solchen Anfragen nachzugeben, ist extrem groß und nur wenige der Betroffenen können ihr widerstehen. In der Folge verwenden sie einen Großteil ihrer Zeit auf das Halten von Vorträgen, Interviews oder das Schreiben von Büchern. In Amerika ist dieses Phänomen viel stärker ausgeprägt als bei uns. Viele deutsche Manager scheinen gegen die Versuchung, öffentliche Stars zu werden, besser gefeit, weil sie insgesamt nüchterner und weniger an Public-Relationsorientiert sind. In den Boomjahren stieg der Anteil *publicity*-orientierter Manager allerdings auch in Deutschland an. Und viele der in den letzten Jahren entlassenen Topmanager hatten genau hier ihre größte Schwäche.

Eine weitere, in ihrer Bedeutung kaum zu überschätzende Konsequenz des Supererfolgs besteht darin, dass Konkurrenten aufmerksam werden und massiv in die attraktiven Jagdgründe eindringen. Diese Gefahr ist natürlich umso größer, je stärker der Erfolg nach außen propagiert wird. Kein Konkurrent, der die notwendigen Fähigkeiten besitzt oder entwickeln kann, lässt sich solche goldenen Jagdgründe entgehen – und dies ist über kurz oder lang der Tod eines jeden Supererfolgs. So scheint heute die Prognose nicht gewagt, dass die Stars der Jetztzeit (zum Beispiel *Microsoft, Intel*) in zehn Jahren sehr viel bescheidener dastehen werden.

Jeder Erfolgreiche sollte sich die folgenden Worte von Alfred P. Sloan, Gründer von *General Motors*, ins Stammbuch schreiben: »Die Fortsetzung eines ungewöhnlichen Erfolgs oder die Erhaltung einer herausragenden Führungsrolle in einer Branche ist schwieriger als das erstmalige Erreichen des Erfolgs oder der Führungsrolle. Dies ist die größte Herausforderung, der sich das Management in jeder Branche gegenübersieht.«

Resumee für das Management: Bescheiden bleiben

Die nachfolgenden Empfehlungen lassen sich aus dem »Gesetz vom Fall der Sterne« für Unternehmen und Manager ableiten:

- Je erfolgreicher Sie sind, desto wichtiger ist es für Sie, nüchtern und bescheiden zu bleiben. Hochmut kommt vor dem Fall!
- Schreiben Sie den Erfolg nicht nur Ihrer eigenen Leistung zu, sondern gestehen Sie sich ein, dass auch eine gehörige Portion Glück beteiligt war.
- Widerstehen Sie dem Bedürfnis, den Erfolg nach außen zu tragen und sich im Ruhm zu sonnen. Die Rolle des Stars wird schnell zur Droge und damit zur Bedrohung des Erfolgs.
- Vermeiden Sie möglichst, Unternehmen oder Manager des Jahres zu werden beziehungsweise in Ranglisten oben zu erscheinen, so verlockend dies auch sein mag. Denn dies sind Einladungen an die Konkurrenz, sich näher mit Ihrem Erfolg zu beschäftigen. Bleiben Sie lieber ein *Hidden Champion*.

• Gerade, wenn Sie erfolgreich sind, nehmen Presseanfragen und Vortragseinladungen zu. Je erfolgreicher Sie sind, desto stärker sollten Sie sich jedoch in dieser Hinsicht beschränken. Bedenken Sie stets, dass es schwerer ist, langfristig erfolgreich zu sein, als kurzfristig ein Star zu werden. Deshalb sollten Sie Ihre Aufmerksamkeit auf den langfristigen Erfolg richten und die kurzfristige Zielerreichung nicht so sehr bewerten.

Dem »Gesetz vom Fall der Sterne« zufolge gehen die meisten Stars genauso schnell unter, wie sie aufgestiegen sind. Wie bei Ikarus folgt dem Höhenflug der Absturz. Jedoch ist dies kein Naturgesetz und es liegt an Ihnen, ob Sie sich seinen Versuchungen und Gefahren entziehen können – nur an Ihnen!

Kontinuität

Besondere Unternehmenserfolge beruhen meist auf der langfristigen Verfolgung der richtigen Ziele. Eine solche langfristige Orientierung erfordert auch Kontinuität in der Führung eines Unternehmens. Mit Personenwechseln gehen meist auch Veränderungen in den Prioritäten und Zielen einher. Viele Unternehmen leiden unter diesem Syndrom. Die Mitarbeiter müssen sich immer wieder auf neue Personen an der Spitze einstellen, verlieren die Orientierung und entwickeln eine abwartende Haltung, ob nicht in wenigen Jahren wieder ein neuer Vorstandsvorsitzender erscheint, der andere Ziele setzt. Doch in der Managementliteratur kommt der Begriff der Kontinuität so gut wie nicht vor. Dabei bildet sie einen der entscheidenden Bestimmungsfaktoren guten Managements.

Zunächst sei festgestellt, dass Kontinuität der Führung an sich weder gut noch schlecht ist. Eine lange Amtszeit eines schlechten Managers beinhaltet offensichtlich eine große Gefahr und Belastung. Bleibt hingegen eine ausgezeichnete Führungskraft lange Zeit an der Spitze, so kann dies für ein Unternehmen ein unschätzbarer Vorteil sein. In dem 1995 erschienenen Bestseller *Built to Last* vergleichen die Autoren Collins und Porras die durchschnittliche Amtszeit der Vorstandsvorsitzenden von »visionären Unternehmen« mit der einer Kontrollgruppe von weniger erfolgreichen Firmen. In den visionären Unternehmen, die von den Autoren als »die Besten der Besten« bezeichnet werden, hatten die Vorstandsvorsitzenden im Durchschnitt eine Amtszeit von 17,4 Jahren, während diese Zeit in der Vergleichsgruppe nur 11,7 Jahre betrug. Alle Unternehmen in der Collins-Porras-Studie wurden vor 1946 gegründet und sind daher wenigstens 50 Jahre alt.

Als noch deutlich eindrucksvoller stellen sich die Amtszeiten der Chefs der *Hidden Champions* dar, mittelständischen Unternehmen, die in ihren Märkten Welt- oder Europamarktführer sind. Im Durchschnitt aller von mir untersuchten *Hidden Champions* ist die Amtszeit des Unternehmensleiters 20,6 Jahre. Werden nur die *Hidden Champions* zugrunde gelegt, die vor 1946 gegründet wurden, die also mit den visionären Unternehmen vergleichbar sind, beträgt die durchschnittliche Amtszeit der Chefs sogar 24,5 Jahre. Für einige dieser Unternehmen sind die durchschnittlichen Amtszeiten der Chefs in Abbildung 1 dargestellt. In all diesen Fällen war die Amtszeit jeweils länger als 30 Jahre!

Amtsdauer und Erfolg

Man sollte allerdings vorsichtig sein, die lange Amtszeit der Geschäftsführer monokausal als Bestimmungsgrund für Erfolg zu interpretieren. Die Kausalitätsbeziehungen sind komplizierter. Ist ein Unternehmen erfolgreich, weil der Geschäftsführer eine langfristige Vision hat und lange in der Verantwortung bleibt, um diese Vision zu realisieren? Oder wird in einem erfolgreichen Unternehmen dem Geschäftsführer ermöglicht, sehr lange an der Spitze zu stehen? Beide Kausalbeziehungen sind möglich, obgleich Erstere die wahrscheinlichere ist.

Kontrastiert man mit solchen Zeiten die typischen Amtsdauern der Chefs von deutschen Großunternehmen, so fällt die enorme Diskrepanz auf. Zwar gibt es auch hier Ausnahmen wie Eberhard von Kuenheim,

Firma	Gründung	Hauptprodukt	Anzahl Geschäftsführer	Durchschnittliche Amtszeit pro Geschäftsführer
Netzsch	1873	Maschinen für Keramikindustrie	3	40,3
Glasbau Hahn	1836	Vitrinen für Museen	4	39,5
Böllhoff	1877	Schrauben und Muttern	3	39,0
Seca	1840	Medizinische Waagen	4	38,5
Haribo	1920	Gummibärchen	2	37,5
EJOT	1922	Selbstschneidende Schrauben für Kunststoffe	2	36,0
Stihl	1926	Motorsägen	2	34,0
Von Ehren	1865	Große lebende Bäume	4	33,3
Carl Jäger	1897	Weihrauch-Kegel, -Stäbe	3	32,3
Loos	1865	Dampf- und Heißwasserkesselsysteme	4	32,2
Bizerba	1866	Elektronische Waagen	4	32,0
Probat Werke	1868	Kaffeeröstmaschinen	4	31,5
Bruns	1875	Baumschule	4	30,0

Abbildung 1: Durchschnittliche Amtszeit der Geschäftsführer bei *Hidden Champions*

der *BMW* über mehrere Jahrzehnte führte. Doch seit seiner Zeit ist bereits der dritte Vorstandsvorsitzende im Amt. Dabei ist *BMW* im Vergleich zu amerikanischen Unternehmen in der Automobilbranche geradezu ein Muster von Kontinuität. Die Zahl der Wechsel von Vorstandsvorsitzenden bei *Opel* und *Ford* in den letzten Jahren ist kaum noch überschaubar.

In deutschen Großunternehmen sind Amtsdauern unter zehn Jahren typisch. Oft werden Manager erst im Alter von deutlich über 50 Jahren an die Spitze großer Unternehmen berufen. Dann bleibt ihnen zwangsläufig nur eine relativ kurze Frist, insbesondere, wenn es gleichzeitig, wie beispielsweise in der Chemie, feste Altersgrenzen für den Rücktritt vom Vorstandsvorsitz gibt. Noch kürzer sind die typischen Amtszeiten an der Spitze von Geschäftsbereichen großer Unternehmen. Hier beobachtet man nicht selten, dass der Chef alle zwei bis fünf Jahre wechselt. Es bedarf wohl keiner Begründung, dass solche »Rotationitis« mit langfristiger Strategie kaum vereinbar ist.

Die erfolgsentscheidende Bedeutung der Kontinuität muss im Zusammenhang mit der Langfristigkeit von Zielen betrachtet werden. Oft werden Zeiträume von fünf oder zehn Jahren nicht ausreichen, ein Unternehmen neu auszurichten und auf einen langfristigen Erfolgsweg zu bringen. Wenn sich ein neuer Chef beispielsweise das Ziel setzt, Weltmarktführer zu werden, so kann der dazu notwendige Zeithorizont je nach Ausgangsposition eine Generation umfassen. Normalerweise dauert es Jahrzehnte, Vertrauen aufzubauen, Distributions- und Servicenetze in Gang zu setzen, Erfahrungen auf fremden Märkten zu sammeln und Managementteams zu entwickeln. Unter diesen Bedingungen ist Kontinuität eine unabdingbare Voraussetzung für den Unternehmenserfolg.

Mehr Flexibilität beim Alter

Was sind die Implikationen dieser Befunde? Kontinuität im beschriebenen positiven Sinne scheint erstrebenswert. Sie erfordert, dass Führungskräfte mit entsprechendem Potenzial möglichst früh erkannt werden und in vergleichsweise jungem Alter in verantwortliche Positionen kommen. Die insbesondere in großen Unternehmen verbreitete Praxis, Chefs erst in sehr hohem Alter zu ernennen, ist zu hinterfragen. Natürlich bleibt eine gesunde Abwägung zwischen Erfahrung und Kontinuität notwendig, doch dürfte häufig das Gewicht zu stark auf Ersterer liegen.

Unter dem Kontinuitätsaspekt muss man auch die rigorose Anwendung von Höchstaltersgrenzen neu bewerten. Sicher gibt es gute Gründe für solche Grenzen, doch wenn sie zu häufigen Managementwechseln führen, richten sie mehr Schaden als Nutzen an. Im Nachgang zum Internet-Boom wurde wieder verstärkt auf die Erfahrungen älterer Manager zurückgegriffen, um Kontinuität sicherzustellen. Bei *Bertelsmann* übernahm der bereits aus dem Vorstand ausgeschiedene Gunther Thielen die Nachfolge von Thomas Middelhoff, Jörg Menno Harms kehrte auf seine frühere Position als Vorsitzender der Geschäftsführung von *Hewlett Packard Deutschland* zurück. Helmut Sihler übernahm im Alter von 72 Jahren interimsmäßig den Vorstandsvorsitz der *Deutschen Telekom AG*. Kontinuität ist auch für die Mitarbeiter ein wichtiger Aspekt. Abrupte Änderungen der Marschrichtung mögen gelegentlich nötig sein, zu oft sollten sie einem Unternehmen jedoch nicht zugemutet werden. Nur Kontinuität schafft bei den Mitarbeitern das Vertrauen, dass ihr Einsatz langfristig Früchte trägt und sinnvoll ist. Kontinuität wird damit zur Basis für Orientierung und Innovation. Kein Unternehmen kann auf diese Basis verzichten.

Kapitel 3
Change als Königsdisziplin

Vorwärtsmanagement

Krisen erfordern in allen Unternehmen radikale Veränderungen. Doch nach wie vor dauern die meisten Veränderungsprozesse zu lange, bleiben auf halber Strecke stecken oder scheitern ganz. Der Vorstandsvorsitzende eines Versicherungsunternehmens klagte: »In der Planung sind wir Weltmeister, in der Umsetzung bestenfalls Kreisklasse.« Dass nicht Konzeption und Analyse, sondern die Umsetzung den Engpass bei den meisten Neuausrichtungen bildet, ist inzwischen hinlänglich bekannt. Interne Widerstände, Verzögerungen oder Nachbesserungen lassen zu viele gut gemeinte Vorhaben im Sande versinken. Zahlreiche Manager berichten, dass sie 70 bis 80 Prozent ihrer Energie auf die Überwindung unternehmensinterner Widerstände verwenden müssen.

Es gibt eine Menge Beispiele von einst florierenden Unternehmen, die in den Abgrund rutschten, weil sie längst überfällige Veränderungen ständig verschleppten. *Kodak*, *Benetton* oder *Levis* sind nur einige spektakuläre Fälle. In den meisten Fällen wussten genügend viele Personen lange vorher, dass es so nicht weitergehen konnte – aber niemand handelte. Dabei ist weitgehend bekannt, wo der Widerstand gegen Veränderungen seine Wurzeln hat und wie man mit ihm umgehen muss.

Umgang mit Widerstand

- Veränderungen haben keine oder nur eine geringe Anhängerschaft. Die Mehrzahl der Menschen klebt am *Status quo*. Sie lieben das Leben, wie es bisher war und wie sie es kennen. Je mehr man versucht, die Dinge zu ändern, desto stärker wird die Vergangenheit glorifiziert – die »gute alte Zeit«. Man muss deshalb bei jedem ernsthaften Veränderungsvorhaben auf massiven Widerstand gefasst sein.
- Ein gradueller, schrittweiser Wandel funktioniert bei massivem Änderungsbedarf nicht. Wenn die eingesetzten Maßnahmen in solchen Fällen nicht groß genug, nicht revolutionär genug sind, dann werden sie der Bürokratie und den Kräften der Beharrung unterliegen. Insbesondere wenn die Führungskräfte beliebt sein wollen und folglich zu zaghaft und schonend an die notwendigen Schnitte herangehen, dann ändert sich überhaupt nichts.
- Man muss beim Veränderungsmanagement zunächst hart sein, um später weich sein zu können. In einem Veränderungsprozess muss das Management als Erstes seine Fähigkeit unter Beweis stellen, unangenehme Entscheidungen fällen und durchziehen zu können – Werke schließen, Unternehmensteile verkaufen, Hierarchieebenen abbauen. Erst nachdem man diese Fähigkeiten unter Beweis gestellt hat, gewinnt man Glaubwürdigkeit, wenn es um weiche Werte geht.
- Solche weichen Werte sind in einer schlagkräftigen Organisation wichtiger denn je. Je stärker man dezentralisiert und Verantwortung nach unten delegiert, desto bedeutsamer werden Vision und Unternehmenskultur als Klammern, die alles zusammenhalten. Je weniger die Mitarbeiter von oben kommandiert werden, desto mehr müssen sie ihre Entscheidungen und Handlungen selbstständig aus grundlegenden Zielen und Werten ableiten. Nur wenn solche Werte von den Führungskräften durch konsistentes Verhalten vorgelebt werden, bewältigen die Mitarbeiter belastende Veränderungen und Ungewissheiten ohne Hilfe.
- Entscheidend für jede Neuausrichtung ist die direkte persönliche Kommunikation. Mir sagte einmal ein deutscher Vorstandsvorsitzender, er könne sich selbst nicht mehr hören, so oft habe er mittlerweile

die Botschaft von den notwendigen Änderungen und den neuen Zielen verkündet. Ich entgegnete, er sei der Einzige, für den dies so gelte. Der typische Mitarbeiter habe ihn allenfalls ein- oder zweimal, oft sogar keinmal die neue Ausrichtung verkünden hören. Meines Erachtens wird diese »endlose« Kommunikationsaufgabe oft unterschätzt. Eine wichtige Botschaft können Sie nicht oft genug wiederholen!

Interessant ist, dass der stärkste Widerstand typischerweise in einer bestimmten Altersgruppe auftritt: bei den 45- bis 55-Jährigen. Nicht von den älteren Managern und Mitarbeitern (55 Jahre und älter), sondern von den mittleren Jahrgängen geht in der Regel der stärkste Widerstand aus. Diese Gruppe fürchtet offenbar besonders, Privilegien zu verlieren, den Wandel nicht mehr zu bewältigen und den neuen Anforderungen nicht gewachsen zu sein. In dieser Alterskategorie wird auch am stärksten um die eigene Position gefochten. Nicht selten gibt es mehr Wettstreit innerhalb des Unternehmens als gegen die Konkurrenz, zudem wird dieser interne Wettbewerb oft mit unfaireren Mitteln ausgetragen als der externe Wettbewerb. So werden in Veränderungsprozessen interne Zusagen häufig nicht eingehalten, ein Verhalten, das man gegenüber einem externen Partner nicht praktizieren würde. Ein Problem der mittleren Generation besteht auch darin, dass sie möglicherweise zu lange problemlose Zeiten erlebt hat. »Wen die Götter zerstören wollen, dem schicken sie 40 Jahre lang Erfolg«, sagt ein Sprichwort. Veränderung, die Aufgabe von Errungenem, fällt umso schwerer, je erfolgreicher man in der Vergangenheit war.

Management von Veränderungsprozessen

Entscheidend ist auch die Geschwindigkeit, mit der Sie vorgehen. Interessant ist die folgende Aussage von Jack Welch, der sicherlich einer der wirkungsvollsten Veränderungsmanager war: »My biggest mistake by far was not moving faster. Everything should have been done in half the time. I was too cautious and too timid. I wanted too many constituencies on board«. Wenn jemand, der wie nur wenige andere Veränderungen mit Entschlossenheit und Schnelligkeit umgesetzt hat, nach jahrelanger Erfahrung zu einer solchen Einschätzung kommt, dann muss dies zu denken geben.

In der Tat gewährt ein zu langsames Vorgehen, wie es typischerweise praktiziert wird, den Veränderungsgegnern immer wieder Zeit, sich neu zu formieren und Hemmnisse aufzubauen. Für die Veränderungsprozesse, in denen ich selbst aktiv mitgewirkt habe, muss ich ebenfalls eine zu geringe Geschwindigkeit diagnostizieren. Die Verzögerungs- und Behinderungstaktiken sind dabei schier unerschöpflich und reichen von vorgeschobenen Terminproblemen über Hinterfragung von Zahlen, Diffamierungen, organisatorischer Überladung der Veränderer bis hin zu offener Meuterei.

Deshalb sollten Sie die folgenden Konsequenzen für das Management von Veränderungsprozessen beachten:

• Man sollte schnell vorgehen. Die Umsetzung dauert ohnehin immer länger, als man erwartet. Je schneller man implementiert, desto schlechter stehen die Chancen der Gegner des Wandels. Vorwärtsmanagement nenne ich das.

• Veränderung ist immer »kreative Zerstörung«. Das Neue kann nicht aufgebaut werden, solange das Alte nicht zerstört ist. Es wird zu wenig Zeit und Sorgfalt auf die Zerstörung des Alten verwandt. Ein solides neues Haus lässt sich nicht auf Ruinen, sondern nur auf neu gegossenen Fundamenten bauen.

• Veränderung verlangt Bereitschaft zur Unpopularität. Jeder ernsthafte Veränderer muss sich damit abfinden, als Unruhestifter und Bilderstürmer diffamiert zu werden. Das erfordert Mut und innere Unabhängigkeit. Doch letztlich haben die Leute keine Achtung vor Konformismus, sondern achten vielmehr Stärke und Durchsetzungsvermögen.

• Schließlich müssen Sie kommunizieren. Endlos und immer wieder! Nur Sie selbst hören sich so oft, alle anderen hören Sie nur selten. Vor allem aber müssen Sie durch Ihr konsistentes Verhalten überzeugen.

Vorwärtsmanagement ist ein langer Marsch, kein einmaliger Sprung. Doch dauerhaften Unternehmenserfolg erreicht man nur durch ständige

Veränderung. Und diese hat keine Lobby. Allerdings gelingt die Veränderung in der Krise am besten, vielleicht sogar nur dort. Die Krise bietet somit beste Chancen, den Aufbruch nach vorne in die Hand zu nehmen.

Ewiger Umbau

Was beeindruckt einen Menschen wie mich am meisten, der ständig landauf landab Firmen und Betriebe besucht? Vor allem ist es der unglaubliche Umbau, der in den letzten Jahren stattgefunden hat. Noch vor wenigen Jahren präsentierte sich der Multi *Hoechst* mit seinen gigantischen Werksanlagen beiderseits des Mains. Die Gebilde aus Stein und Stahl schienen für die Ewigkeit gebaut. Heute gibt es die *Hoechst AG* in ihrer alten Form nicht mehr. Kürzlich besuchte ich das Werksgelände von *Krauss-Maffei*, einst eine *Mannesmann*-Tochtergesellschaft, in München. Auch hier stehen zwar noch die Gebäude, doch in ihnen residieren verschiedene Firmen, die aus der Zerlegung des *Mannesmann*-Konzerns hervorgegangen sind. In Leverkusen stand ich mit einem Vorstandsmitglied auf der 26. Etage des *Bayer*-Hochhauses, das im Jahr 2002 außer Dienst gestellt wurde. Wir schauten hinunter auf das Werk. Die einst flächendeckende Nutzung durch *Bayer*-Betriebe wies zahlreiche Lücken auf, in die nach und nach Fremdfirmen hineinströmen. Noch radikaler stellt sich der Umbau der früheren *Preussag* dar. Bei der heutigen *TUI* fällt es schwer, Gemeinsamkeiten mit dem Rohstoff- und Industriekonzern der Vergangenheit zu erkennen.

Diese Liste ließe sich beliebig fortsetzen und in anderen Ländern sind die Veränderungen teilweise noch dramatischer, zum Beispiel in Frankreich, wenn man an den Wandel bei *Vivendi* denkt. Aber der Umbau wird noch weitergehen, ja, sich sogar noch beschleunigen. Um die große Linie und die Logik der zukünftigen Restrukturierung zu erkennen, empfiehlt sich ein Blick in die jüngere Vergangenheit. Was hat den Umbau bisher getrieben und wie werden sich diese Triebkräfte in Zukunft gestalten?

Umbauphasen der jüngsten Geschichte

In den ersten beiden Jahrzehnten nach dem Zweiten Weltkrieg ging es primär um die Bewältigung des Wachstums. Die Engpässe lagen innen, bei Finanzen, Kapazitäten und Personal. Mit dem Eintritt zahlreicher Massenmärkte in Sättigungsphasen begann die Ausschau nach neuen Märkten. Wachstum durch Diversifikation trieb den Umbau in den siebziger und achtziger Jahren. Die großen Firmen traten in viele neue Geschäfte ein, teils durch Neugründungen (etwa Fernsehen bei *Bertelsmann* oder Mobilfunk bei *Mannesmann*), teils durch Akquisition (auch hier liefert der *Mannesmann*-Konzern ein Musterbeispiel, genauso aber *Hoechst* oder *DaimlerChrysler*). Die entstehenden Gebilde stießen in neue Größenordnungen vor, erwiesen sich aber als nicht mehr steuerbar. Die Komplexität wurde einfach zu groß. Die gebauten Häuser waren überfrachtet und fällig für einen erneuten radikalen Umbau.

Dieser Umbau der dritten Phase bestand in der Fokussierung auf ein Kerngeschäft, allenfalls wenige Kerngeschäfte. Geistige Grundlage war dabei das Konzept der Kernkompetenzen, demzufolge man nur auf einem Feld wirklich sehr gut und dem Wettbewerb überlegen sein kann, sowie das Bestreben, im Kernmarkt möglichst eine Nr. 1- oder Nr. 2-Position zu erreichen. Bei *General Electric* hatte Jack Welch derartige Ambition in Richtung Marktdominanz bereits zehn Jahre früher zur Strategiemaxime erhoben. Auch in dieser Phase wurde Wachstum intern, aber auch extern, das heißt durch Akquisitionen, bewirkt. Obwohl die Firmen zahlreiche Randgeschäfte abstießen, schrumpften sie nicht, sondern wuchsen weiter. Neben Akquisitionen trug dazu vor allem die Globalisierung bei. Der Kapitalmarkt war einerseits Treiber der Fokussierung und honorierte sie andererseits in höheren Bewertungen. Firmen, die diesem Trend nicht folgten, wurden in den neunziger Jahren gnadenlos abgestraft, man vergleiche nur die Entwicklung der Börsenwerte von *Bayer* und *Hoechst/Aventis*. Es gab den berühmt-berüchtigten »Konglomeratsabschlag«. Allerdings ließ die Fokussierung auch die Risiken steigen, wie man an den jüngsten Entwicklungen in der Telekommunikation und der Elektronikindustrie drastisch erfahren musste. Firmen, die auf ein Geschäft gesetzt haben, wie etwa *Lucent, Nor-*

teil oder *Alcatel*, sehen sich größeren Schwierigkeiten ausgesetzt als ein Konzern wie *Siemens*, dessen Geschäfte auf viele unterschiedliche Branchen verteilt sind. Dieser Risikoaspekt wurde in der Phase der Fokussierung unterschätzt. Heute denken viele wieder anders über Diversifikation. Dennoch war die Phase der Fokussierung – im Hinblick auf die Schaffung von Werten – insgesamt wohl erfolgreicher als die Phase der Diversifikation.

Der *Hoechst*-Konzern illustriert diese Phasenmuster idealtypisch. Bis in die achtziger Jahre hinein wuchs *Hoechst* sowohl intern als auch durch zahlreiche Zukäufe und deckte schließlich alle Gebiete der Chemie sowie viele angrenzende Felder (zum Beispiel Fotokopierer, Anlagenbau) ab. Die letzte große Akquisition dieser Art war *Celanese* in den späten achtziger Jahren. In den neunziger Jahren begann unter Jürgen Dormanns Vorstandsvorsitz die Fokussierung auf Life-Sciences. Den entscheidenden Sprung nach vorn markierte dabei der Kauf von *Marion Merrell Dow* im Jahr 1995, bis dato die größte Akquisition eines deutschen Unternehmens in den USA. Die französische *Rhône Poulenc* vollzog mit dem Erwerb des US-Pharmaherstellers *Rorer* einen ähnlichen Schritt. Die Fusion von *Hoechst* mit *Rhône Poulenc* zum Life-Science-Konzern *Aventis* bildete den Höhepunkt der Fokussierungsphase. Parallel dazu wurden alle Nicht-Pharmageschäfte abgestoßen, zuletzt im Jahr 2002 der Pflanzenschutz an *Bayer*. *Aventis* ist damit zu einem puren, hochfokussierten Pharmaunternehmen mutiert. Die Börse hat diesen radikalen Umbau honoriert. Ähnlich sieht die Geschichte bei *Daimler Chrysler* aus. Aus dem umfassenden Technologiekonzern über das Transportunternehmen der frühen neunziger Jahre (Autos, Flugzeuge, Eisenbahnen) ist heute eine reine Autofirma mit globaler Präsenz geworden. Die Fusion mit *Chrysler* sowie die Einstiege bei *Mitsubishi* in Japan und *Hyundai* in Korea markieren die Meilensteine auch diesem Weg.

Umbauvorhaben der Zukunft

Sind damit die Umbauvorhaben vollendet? Effektivität (tut man das Richtige = Kerngeschäft) scheint hergestellt. Geht es demnächst nur noch um Effizienzoptimierung innerhalb des fokussierten Kerngeschäfts? Ist das Ende der Umbaugeschichte erreicht? Es sieht nicht danach aus. Eher hat man den Eindruck, dass es in der nächsten Phase erst richtig losgeht, dass die Firmen sich noch stärker verändern werden als in den vergangenen Umbauperioden. Zwei Richtungen des weiteren Umbaus zeichnen sich ab und sind teilweise schon realisiert:

- die Zerlegung und Rekonfiguration der Wertschöpfungskette,
- das zunehmende Outsourcing von »internen« Funktionen.

Die treibenden Kräfte dieser Veränderung liegen dabei sowohl in der Informationstechnologie, nicht zuletzt im Internet, als auch in den Rahmenbedingungen des Wirtschaftens. Der Gedanke der Kernkompetenz bleibt weiterhin gültig, wird jetzt aber weniger auf ganze Geschäfte als vielmehr auf einzelne Aktivitäten der Wertschöpfungskette angewandt.

Umbau der Wertschöpfungskette

Am weitesten gediehen ist der erstgenannte Trend in der Elektronikindustrie. Die führenden Hersteller von Elektronikprodukten verlagern die Fertigung zunehmend auf so genannte *Electronic Contract Manufacturer* (ECM). *Nokia, Ericsson, Motorola, Siemens, Dell, Compaq* oder *Xerox* fertigen allenfalls noch einen Teil ihrer Handys, Computer oder Kopierer selbst, den Rest delegieren sie an Firmen wie *Flextronics, Solectron, Sanmina/SCI*. Diese Firmen sind innerhalb kürzester Zeit zu gigantischen, weltweit operierenden Produktionssystemen geworden. Der Umsatz von *Flextronics* lag Mitte der neunziger Jahre bei unter 100 Millionen Dollar, erreichte 2001 etwa 15 Milliarden Dollar und für 2006 sind 46 Milliarden Dollar vorgesehen. In der Automobilindustrie gibt es ähnliche Tendenzen. Im Februar 2002 verkaufte die *Daimler Chrysler AG* ihr Grazer *Eurostar*-Automobilwerk an *Magna*. Künftig wird *Magna* in dieser Fabrik Autos für verschiedene Hersteller zusammenbauen. Das Unternehmen produzierte im Jahr 2002 etwa

120 000 Autos, nicht nur für *Mercedes*, sondern auch für andere Automobilfirmen. Der *Porsche Boxster* wird von *Valmet* in Finnland zusammengebaut. Auch die Übernahme von Teilaufgaben in der Produktion in Form so genannter Betreibermodelle (»Pay on Production«) nimmt rapide zu. So verkauft *Dürr*, Weltmarktführer in der Autolackierung, nicht nur Lackieranlagen, sondern übernimmt auch die Lackierung der Autos und ähnliche Dienstleistungen gegen einen vorab vereinbarten Festpreis. *ThyssenKrupp Serv*, der führende Spezialist für industrielle Dienstleistungen, hat durch die Übernahme bisher intern erledigter Aufgaben seinen Umsatz von 1,1 Milliarden Euro im Jahr 1998 auf 2,1 Milliarden Euro im Jahr 2001 gesteigert. Der Umbau der Wertschöpfungskette eröffnet also fantastische Wachstumschancen. Natürlich gibt es seit jeher ähnliche Arrangements in anderen Branchen, genannt seien beispielsweise Bekleidung oder Sportschuhe. Jedoch nimmt der neueste Umbau viel größere Dimensionen an.

Auslagerung von internen Funktionen

Noch stärker ans »Eingemachte« gehen Modelle, bei denen sich externe Dienstleister um die eigenen Mitarbeiter kümmern. Der weltweit größte private Arbeitgeber ist Anfang des Jahrhunderts die Zeitarbeitsfirma *Adecco*, deren Zentrale in der Schweiz sitzt. Diese Firma beschäftigt rund 700 000 Arbeitnehmer, die jedoch größtenteils nicht bei ihr, sondern in anderen Unternehmen arbeiten. Die jüngste Variante ist die Übernahme des Managements der Arbeitsbeziehung durch so genannte *Professional Employment Organizations* (PEO), die größte Firma dieser Art ist *Exult*. PEOs kümmern sich um die Einstellung, Personalverwaltung, Zahlung der Gehälter und selbst um Entlassung sowie Outplacement. Nach traditionellem Verständnis gehen diese Funktionen ans Herz eines Unternehmens. Jedoch gibt es in den USA bereits viele große Unternehmen, die keine Personalabteilung mehr haben, sondern alles von einer PEO erledigen lassen.

Die zentrale Gemeinsamkeit dieser Umbauten liegt in der zunehmenden Spezialisierung. Derjenige, der eine bestimmte Aktivität am besten beherrscht, soll sie ausführen, egal ob dies innerhalb eines Unternehmens oder über Unternehmen hinweg geschieht. Die traditionelle Rolle der Transaktionskosten, aus der letztlich die Überlegenheit der unternehmensinternen Koordination gegenüber dem Markt erwuchs, scheint völlig auf den Kopf gestellt. Hauptursache dafür dürfte die Informationstechnologie, vor allem das Internet, sein. »Collaborative Business«, kurz C-Business, ist das Schlagwort. Diese extrem komplexen Zusammenhänge verstehen wir erst nach und nach. Speziell für die Auslagerung der Arbeitsbeziehung dürfte die staatliche Regulierung eine wichtige Rolle spielen. Eine produzierende Firma will sich die gesamte Verwaltung des Personals (samt Ärger) vom Halse halten und delegiert die entsprechenden Aufgaben deshalb an einen Spezialisten.

Nach allem, was sich heute abschätzen lässt, stehen diese Entwicklungen erst ganz am Anfang. Der wirkliche Umbau kommt erst. Richten Sie sich deshalb schon heute darauf ein, dass Sie Ihre Firma in zehn Jahren nicht mehr wiedererkennen!

Ist kleiner feiner?

Trotz gegenteiliger Lippenbekenntnisse dominieren in vielen Unternehmen weiterhin Wachstums- und Größenfetischismus. Erfolg wird noch zu oft am Umsatzzuwachs und am Abschneiden in umsatzbezogenen Rankings gemessen. Kürzlich sagte mir ein Vorstandsvorsitzender ganz stolz, sie gehörten durch Zukäufe nun zu den 100 größten deutschen Unternehmen. Auch das Gewicht von Unternehmen in der öffentlichen und politischen Bewertung hängt stark von Größenkriterien und Ranglisten ab.

Dieses Wachstums- und Größenstreben ist eine wichtige Triebkraft für Diversifikationen, Fusionen und die Eröffnung neuer Geschäftsfelder – damit aber auch die Ursache gravierender Probleme. Seit Mitte der neunziger Jahre zeichnete sich hier eine Trendwende ab. Immer mehr Unternehmen spalteten sich in kleinere, fokussiertere Firmen auf, andere entschieden sich bewusst, klein und fokussiert zu bleiben. Die dabei eingeschlagenen Wege gehen deutlich über die übliche Divisionalisierung hinaus, bei der entweder rechtlich unselbstständige Sparten innerhalb eines Unternehmens gebildet oder diese Sparten in Form eigenständiger Firmen geführt werden, die aber unter einer einheitlichen Konzernleitung verbleiben.

Freiwillige Zellteilung

Das erste, vielbeachtete Beispiel einer konsequenten Hinwendung zum »kleiner ist feiner« war die Aufspaltung des englischen Chemiekonzerns *ICI* im Jahre 1993. Das Pharmageschäft und einige damit zusammenhängende Aktivitäten von *ICI* wurden abgespalten und in die neue, unabhängige, selbst börsennotierte Firma *Zeneca* eingebracht, die später mit der schwedischen Firma *Astra* zu *Astra Zeneca* fusionierte. Das industrielle Chemiegeschäft wird unter dem traditionellen Namen *ICI* fortgeführt. Eine wichtige Triebfeder dieser Aufspaltung war der niedrige Börsenkurs der alten *ICI*, der insbesondere den hohen Wert der Pharmasparte nicht angemessen widerspiegelte. Die wichtigsten Konsequenzen sind jedoch strategischer Art. Ein Artikel in der *Harvard Business Review* kommt zu einer sehr positiven Bewertung dieser Aufspaltung, die Vorbild für viele andere wurde, und der damit einhergehenden Fokussierung. *Astra Zeneca* kann sich voll auf das Pharmageschäft konzentrieren. Und die neue *ICI* verfolgt das Ziel, auf den industriellen Gebieten, in denen sie technische Vorteile besitzt, Weltmarktführer zu werden, sie betreibt also eine dezidierte »Champion-Strategie«, mit seither gutem Erfolg. Aus dem »komplizierten, kaum noch managebaren Portfolio von Geschäften« der alten *ICI* seien zwei weitaus stärker fokussierte Firmen geworden, die seither in ihren Märkten deutlich besser zurechtkämen, so der *Harvard*-Artikel.

Ein zweiter epochemachender Schritt auf dem Weg zum »kleiner ist feiner« war die treffend als »Operation Hat Trick« plakatierte Aktion, mit der das Konglomerat *ITT* sich 1995 in drei Gesellschaften für die Geschäftsfelder Industrie, Versicherungen und Hotel/Unterhaltung aufspaltete. Diese Firmen wurden separat an der Börse eingeführt. Die Aufsichts- und Managementgremien wurden getrennt, sodass auf diese Weise drei völlig unabhängige Firmen entstanden. Die Wall Street reagierte spontan mit einer Höherbewertung der *ITT*-Aktien um 5 Prozent. Ein Finanzanalyst nannte den Schritt »das Ende einer Ära«, gemeint war die Ära von Harold Geneen, der ziemlich exakt für das Gegenteil der hier beschriebenen Philosophie steht.

Solche Split-ups galten Mitte der neunziger Jahre als revolutionär und äußerst ungewöhnlich. Dennoch gibt es in der Geschichte genügend Beispiele für die herausragend positive Wirkung derartiger Verkleinerungen.

Unfreiwillige Aufspaltungen

Im Unterschied zu den oben genannten Fällen kamen die meisten historischen Aufspaltungen jedoch nicht freiwillig, sondern durch staatlichen Zwang zustande. So entstanden aus der Zerschlagung des *Standard Oil Trusts* im Jahr 1911 mehrere höchst erfolgreiche Nachfolgeunternehmen, deren bekanntestes *Exxon* ist. Die Aufteilung der *IG Farben* nach dem zweiten Weltkrieg in *BASF*, *Bayer* und *Hoechst* war für die deutsche chemische Industrie mit Sicherheit ein Glücksfall. Man kann sich nur schwer vorstellen, dass eine monolithische *IG Farben* das Gleiche erreicht hätte wie die drei Nachfolgefirmen zusammengenommen. Eine weitere Bestätigung liefert die Teilung des amerikanischen Telefonmonopolisten *AT&T* im Jahr 1978. Die dabei entstandenen regionalen Telefongesellschaften und die neue *AT&T* haben in der Summe weit mehr erreicht, als es die alte »Ma Bell« vermocht hätte.

Interessant ist auch die Frage, was aus *IBM* geworden wäre, wenn das amerikanische Justizministerium 1981 nicht das Kartellverfahren eingestellt, sondern »Big Blue«, wie seinerzeit ernsthaft erwogen wurde, in mehrere »Little Blues« aufgespalten hätte. Die Hypothese scheint nicht zu gewagt, dass solche »losgelassenen kleinen *IBM*s« in der Summe den Computermarkt nach wie vor beherrschen würden. Möglicherweise gäbe es dann Firmen wie *Microsoft* oder *Intel* nicht, und diese Geschäfte würden von *IBM*-Nachfolgern, so genannten »Little Blues«, betrieben. Heute könnte man das gleiche Gedankenspiel auf *Microsoft* anwenden. Wäre es für die zukünftige Entwicklung dieses Quasi-Monopolisten vielleicht besser in kleinere Firmen für Betriebs-, Anwendungssoftware und Internet-Dienste aufgespalten zu werden? Wer weiß?

Die Vorteile von Spin-offs

In der Zwischenzeit hat die Einsicht, dass kleiner durchaus feiner bedeuten kann, vielfach Schule gemacht. In Deutschland hat insbesondere *Schering* diesen Trend vorexerziert. In den letzten zehn Jahren hat sich *Schering* konsequent von allen Nicht-Pharmageschäften getrennt. Zum Teil ging das schrittweise, so wurde etwa das Pflanzenschutzgeschäft zunächst in die gemeinsam mit *Hoechst* betriebene Pflanzenschutzfirma *AgrEvo* eingebracht, die später in *Aventis* aufging. Im Jahr 2002 folgte dann der endgültige Ausstieg durch den Verkauf an *Bayer*. *Schering* ist heute eine reine Pharmafirma. Der Umsatz von *Schering* ging durch die Fokussierung zunächst um 603 Millionen Euro zurück, doch bereits die Hälfte dieses Umsatzrückgangs wurde durch verbessertes Wachstum im Pharmamarkt zurückgeholt. Die Erfahrungen der Fokussierung sind ähnlich positiv wie im Fall von *Astra Zeneca*.

Siemens hat zahlreiche Geschäfte verselbstständigt, darunter so große Einheiten wie *Infineon Technologies* und *Epcos*, die beide in den DAX aufstiegen. Zu den *Siemens*-Spin-offs gehören aber auch mittlere Firmen wie *Sirona*, die eine führende Rolle im Markt für Dentalgeräte einnimmt, oder *Mannesmann Plastics Machinery*. Diesen Weltmarktführer für Kunststoffspritzguss-Maschinen erwarb *Siemens* zunächst von *Mannesmann*, um das Unternehmen dann an den Investor *KKR* weiterzureichen. *Sandoz* und *Ciba-Geigy*, die ihr Pharmageschäft zu *Novartis* ver-

einigten, haben *Syngenta* ausgegliedert und damit einen neuen Weltmarktführer für Pflanzenschutz geschaffen. *Hewlett Packard* hat sein
Mess- und Medizingerätegeschäft in die neue Firma *Agilent* eingebracht
und anschließend *Compaq* übernommen. *3M* verselbstständigte sein Da-
tenspeichergeschäft.

Die Gründe für die möglichen Vorteile der »Kleiner ist feiner«-Strate-
gie liegen auf der Hand: Reduktion von Komplexität, Fokussierung auf
Märkte und Technologien, bessere Kundennähe, größere Schnelligkeit
und Zurückführung von zentraler Bürokratie. Um diese Wirkungen zu
erreichen, sind allerdings eine konsequente Zerschlagung der Großge-
bilde und totale Unabhängigkeit erforderlich. Viele Konzerne neigen
aber dazu, doch noch einen Fuß in der Tür zu lassen – nach dem Motto:
Man weiß ja nie. Damit werden die Vorteile dieser Strategie aber gefährdet.

Doch man muss auch die Kehrseite der Medaille betrachten. Hier
steht das Risiko der Fokussierung im Vordergrund, denn ins Extreme getrieben, kann sie zum Ruin führen. Ein drastisches Beispiel ist *Lucent*,
früher eine Division von *AT&T*. Der Spin-off führte zunächst zu großem
Erfolg und einer Börsenbewertung von mehr als 200 Milliarden Dollar.
Mit dem Zusammenbruch des Marktes für Telekommunikationsausrüs-
tungen geriet die ausschließlich von diesem Markt abhängige Firma jedoch in große Schwierigkeiten und musste die Belegschaft um zwei Drittel abbauen. Die Zukunftsperspektiven erscheinen ungewiss.

Verzicht auf Größe

Klein zu bleiben, statt weiter zu wachsen, ist eine weiterer Aspekt, der einen Gedanken verdient. Der Fall eines Familienunternehmens, auf seinem Feld Weltmarktführer und hochprofitabel, illustriert die Problematik. Innerhalb des angestammten Marktes ließen sich die Marktanteile
nur langsam ausbauen, die Wachstumschancen waren folglich einge-
schränkt. Zur Debatte stand deshalb die Diversifikation in einen neuen
attraktiven Markt, der von einer speziell zu gründenden Sparte bedient

werden sollte. Dadurch würde die Komplexität des Unternehmens steigen und die Fokussierung abnehmen. Nach sorgfältiger Prüfung entschied man sich gegen diesen Schritt und zog es vor, nur im angestammten Markt zu bleiben und die nicht benötigten Finanzmittel an die Gesellschafter auszuschütten, damit diese sie anderswo investierten. Die Firma beschränkte sich auf ihr traditionelles Kerngeschäft und baute dort ihre Position – unter Verzicht auf anderweitiges Wachstum – aus. Sie wächst seither eher bescheiden, ist aber stärker und profitabler denn je. Ich halte diese Strategie für ausgesprochen klug.

Doch solche Fälle weiser Selbstbeschränkung sind eher die Ausnahme – trotz des möglichen Vorteils für die Aktionäre. Der Verzicht auf Größe und imperiale Dimensionen, die bewusste Rückführung auf sinnvolle kleinere Strukturen fällt immer noch schwer. Dennoch bin ich sicher, dass wir auch in Zukunft mehr De-Fusionen sehen werden. De-Fusionspotenziale sind nach wie vor vorhanden, man denke zum Beispiel an *General Electric*. Ich rede hier nicht einem naiven »small is beautiful« und warne ausdrücklich davor, die Vorteile von Economies-of- Scale und Größe zu unterschätzen. Vielmehr geht es mir um eine differenzierte und auf den Einzelfall bezogene Sicht von Größe und Komplexität. Es gibt keine einfachen Patentlösungen und von einem Aufspringen auf die jeweilige Modewelle möchte ich deutlich abraten. Dennoch gilt: Was nicht zusammengehört, das sollte auch nicht zusammenbleiben.

Die Jahre danach

Mitte der achtziger Jahre begegnete ich häufig Managern der *Ciba-Geigy AG*. Ohne dass ich danach fragte, informierten mich meine Gesprächspartner gewöhnlich innerhalb von Minuten, sie seien »Ex-*Ciba*« beziehungsweise »Ex-*Geigy*«. Mit »Das müssen Sie wissen« oder einer ähnlichen Floskel unterstrichen sie die offenbar hohe Bedeutung dieser Information. Zur Erinnerung: Die Fusion von *Ciba* und *Geigy*, die berühmte »Basler Hochzeit«, fand im Jahre 1969 statt! In den Köpfen der Leistungsträger war sie offenbar 15 Jahre später noch nicht gänzlich vollzogen. Um keine Zweifel aufkommen zu lassen: *Ciba-Geigy* zähle ich zu den erfolgreichen Unternehmensehen, ähnlich wie die Nachfolge-firma *Novartis*.

In den letzten Jahren hatten wir eine Phase intensivster Fusions- und Akquisitionsaktivitäten. Nicht nur Schlagzeilenfüller wie *DaimlerChrysler, Vodafone/Mannesmann, Hewlett-Packard/Compaq, E.on, Aventis, Allianz/Dresdner Bank, Deutsche Bank/Bankers Trust* oder *UBS* und *Hypo Vereinsbank* verändern nachhaltig Branchenstrukturen und Wettbe-werbspositionen. Die Tausende der nicht so spektakulären und meist kaum beachteten M&A-Fälle sind in der Summe nicht minder wichtig – etwa in der Automobilzulieferindustrie. Eine Besonderheit dieser jüng-sten Welle besteht in der Vielzahl internationaler Unternehmensehen. Und stets verbinden sich mit den neuen Gebilden optimistische Erwartun-gen an Synergien, Kosteneinsparungen und Wertsteigerungen. Entspre-chend vollmundig klingen dann jeweils die Versprechungen der Topma-nager, ohne Scheu werden Gewinnsteigerungen beziffert. Zur Hochzeit herrscht Hochstimmung.

Die empirische Evidenz steht in krassem Gegensatz zu dieser Eupho-rie. Eine Vielzahl von Studien belegt, dass die meisten Fusionen keinen zusätzlichen Shareholder-Value schaffen. In 21 von 33 Energieversor-gungs-Mergern lag die Performance unterhalb des Branchendurch-schnitts. Eine Untersuchung von 155 Akquisitionen in der chemischen Industrie kommt zu dem Schluss, dass die vorhergesagten Synergien bei weniger als der Hälfte eintraten. Eine branchenübergreifende Ana-lyse von 300 großen Fusionen ergab, dass in 57 Prozent der Fälle der Unternehmenswert nach drei Jahren die Branchen-Performance unter-schritt. Ein amerikanischer Investmentbanker zieht als pessimistisches Fazit: »Mergers, in the empirical literature, are viewed as a loser's game«.

Worin liegen die Ursachen, dass so viele Fusionen die hochgesteckten Erwartungen nicht erfüllen? Einige grundlegende Erkenntnisse zeichnen sich ab:

- Die Bedeutung von Divergenzen in den Unternehmenskulturen der sich verbindenden Firmen wird regelmäßig unterschätzt.
- Nicht der gefeierte »Deal« als solcher, sondern der sich anschließende Integrationsprozess ist die entscheidende Erfolgsdeterminante.
- Falsche Annahmen und Hypothesen, oft aus verhandlungstaktischen Gründen ins Spiel gebracht, vertuschen inhärente Konflikte und kehren als Bumerang zurück.

Divergierende Unternehmenskulturen

Welche Konsequenzen folgen aus diesen Einsichten? Wenn sich die Unternehmenskulturen als derart gravierende Integrations- und Erfolgsbarrieren erweisen, dann sollte dem Kulturaspekt von vornherein eine höhere Aufmerksamkeit zugemessen werden. Daraus folgt nahezu zwangsläufig die Empfehlung, möglichst vorab eine Cultural-Due-Diligence durchzuführen. Im Rahmen der heute üblichen Due Diligence findet eine tiefgehende Durchleuchtung der finanziellen, bilanziellen, produktionsmäßigen und logistischen Aspekte statt, auch spezielle Markt- und Wettbewerbsuntersuchungen (Market-Due-Diligence) werden zunehmend durchgeführt. Hingegen bilden systematische Analysen der Unternehmenskulturen im Hinblick auf Kompatibilität, Konfliktpotenziale, auch positiver Verstärkungen, eher Ausnahmen – ein krasser Widerspruch zu dem erfolgsentscheidenden Einfluss dieses Faktors.

Bei internationalen Fusionen scheint dieser Abgleich noch wichtiger, da die möglichen Kulturdivergenzen größer sind. Doch wie die Schwierigkeiten bei der *HypoVereinsbank* oder der Schweizerischen *UBS*, aus der Fusion von Bankgesellschaft und Bankverein hervorgegangen, zeigen, schließt räumliche und nationale Nähe Kulturkollisionen nicht aus. In seiner Greifswalder Dissertation spricht Michael Olbrich von »negativen Verbundeffekten«, die aus derartigen inneren Widersprüchen entstehen.[2]

---

2 Olbrich, Michael: *Unternehmenskultur und Unternehmenswert*, Wiesbaden: Gabler Verlag 1999

Lässt sich eine Cultural-Due-Diligence in der heißen Phase eines Mergers überhaupt durchführen? Ist das Thema nicht viel zu sensitiv? Dauert eine solche Untersuchung nicht zu lange? Diese Fragen sind mehr als berechtigt. Unseren Erfahrungen nach ist es empfehlenswert, für das eigene Unternehmen ein Kulturprofil auf Vorrat zu erarbeiten. Wenn man sich auf diese Weise systematisch kennt, gelingt zumindest ein grober Abgleich mit der Kultur des Fusions- oder Akquisitionspartner schneller und zuverlässiger. Gleiches gilt im Übrigen für eine kartellrechtlich belastbare wettbewerbsrechtliche Abgrenzung der relevanten Märkte. Wird diese erst in der heißen Phase vorgenommen, gerät man leicht in eine Vabanque-Situation und wird zum Spielball der Kartellbehörden, insbesondere auf der europäischen Ebene, da hier offensichtlich erhebliche Rechtsunsicherheit besteht (wie etwa der Fall Schneider/Legrand zeigt, in dem der Europäische Gerichtshof Ende 2002 das Fusionsverbot der EU-Kommission aufhob).

Die schwierige Integrationsphase

Die Post-Merger-Integration dauert Jahre. Warum ist sie so kritisch? Vereinfacht gesagt, weil ein eventueller Mehrwert hier – und nur hier – geschaffen wird. Nicht der Vertrag oder der Kauf als solche kreieren Shareholder-Value, denn der Kaufpreis spiegelt in den meisten Fällen den Wert der erworbenen Assets wider. In der Regel sitzen auf beiden Seiten intelligente und erfahrene Leute. Den Werttreiber bildet die anschließende Neukonfiguration der Ressourcen mit dem Ziel eines effizienteren Geschäftsbetriebes. Jedoch tritt häufig das Gegenteil ein.

Ein Merger und der folgende Integrationsprozess bewirken zumeist eine enorme Ablenkung des Managements und der Mitarbeiter vom eigentlichen Geschäft. Da dies selten zugegeben und vielleicht nicht einmal bewusst wahrgenommen wird, ist die folgende Aussage hochinteressant. Joseph Gorman, der damalige Chairman des amerikanischen *TRW*-Konzerns, räumte ein, dass die Übernahme des englischen Automobilzulieferers *Lucas Varity* die Firma *TRW* von anderen wichtigen Geschäftsangelegenheiten abgelenkt habe. Meiner Erfahrung nach dauert diese Ablenkung im Regelfalle etwa zwei Jahre. In dieser Zeit sind die Führungskräfte völlig damit beschäftigt, die Hackordnung neu herzustellen, um Positionen zu kämpfen und aufzupassen. Das sind besonders Zeit, Nerven und Energie verschleißende Aktivitäten, unter denen die Konzentration der Manager auf das Geschäft enorm leidet. Dieses muss folglich von den Mitarbeitern erledigt werden, was meist erstaunlich gut funktioniert. Ich wundere mich häufig, wie reibungslos der Alltagsbetrieb weiterläuft, obwohl die Topleute im Geiste mit anderen Dingen beschäftigt sind. Aber oft ist sich auch die Konkurrenz dieser Post-Fusions-Schwächung bewusst.

Konsequenzen aus solchen Einsichten sind: (1) Über Führungspositionen muss schnellstens entschieden werden und (2) die Integration darf nicht nur formalorganisatorische Aspekte in den Vordergrund stellen, sondern muss Kulturaspekte und die Betroffenen stärker einbeziehen. Das Gewicht dieser Notwendigkeiten wird dadurch erhöht, dass eine hohe Integration zu deutlich besseren Ergebnissen führt. Falls die zwei Organisationen weiterhin getrennt operieren, gibt es nur geringe Synergien, worauf auch ein Artikel in der *Harvard Business Review* vom März/April 1999 verweist. Doch selbst bei gutem Verlauf entsteht häufig mehr Ärger als Freude. So stellt Michael Olbrich in seiner Dissertation fest, dass »die Erfolgswirkungen der sich anschließenden Akkulturation in aller Regel negativer Art« sind.

Schimäre »Merger-of-Equals«

Als Beispiel für eine problematische Fusionshypothese sei der ominöse Begriff »Merger of Equals« genannt, bei internationalen Fusionen, zum Beispiel *DaimlerChrysler*, *Aventis*, *Vodafone/Mannesmann* (ein »fast« Merger-of-Equals, die *Mannesmann*-Aktionäre erhielten 49,7 Prozent des gemeinsamen Unternehmens), meist ein äußerst heikler Punkt. Jeder sagt es, keiner glaubt daran, aber das Gesicht muss gewahrt bleiben – Diplomatie pur. Es mag Beispiele geben, in denen die Gleichheitshypothese funktionierte, man denke an *Unilever* oder *Royal Dutch Shell*. Doch in der Regel lähmt die Pattsituation. Es scheint deshalb ratsam, möglichst bald nach dem Vollzug des Mergers für klare Verhältnisse zu sorgen. Je früher, desto besser! Dann bestehen gute Chancen, dass uns im Jahr 2015 ein Manager bei *Aventis* in Straßburg oder bei *Vodafone* in Düsseldorf nicht als Erstes darüber informiert, er sei »Ex-*Hoechst*« oder »Ex-*Mannesmann*«.

Kapitel 4
Wertewandel in der Wirtschaft

Shareholder-Value

Etwa um 1993 schlug mir der damalige Vorstandsvorsitzende der *VEBA AG*, Klaus Piltz, vor, ich solle doch einmal etwas zu Shareholder-Value schreiben. Dieses Konzept war im Jahr 1986 von Alfred Rappaport in die Diskussion gebracht worden. Rappaport schlug die Maximierung des Shareholder-Value als übergeordnete Zielsetzung für die Unternehmenssteuerung vor. Doch um 1993 kannten nur wenige in Deutschland diesen Begriff und auch bei den relevanten Medien war das Interesse an einem Artikel zu diesem Thema gering. Ich schrieb damals also nichts – ohne Zweifel ein Fehler.

Nur wenige Jahre später verfolgte jeder Manager, der etwas auf sich hielt, das Ziel, den Shareholder-Value zu maximieren. Der Begriff wurde zum geflügelten Wort, das aber auch stark polarisierte, da die Interessen der Aktionäre einseitig in den Vordergrund zu treten schienen. Denn Grundlage ist die Hypothese, dass Aktienkurs und Marktkapitalisierung den Wert eines Unternehmens am validesten widerspiegeln. Es wird angenommen, dass der Aktionär am insgesamt auf seinen Anteil entfallenden Wert – also an der Summe aus Kurssteigerung und Dividende – interessiert ist, was in der Tat dem gesunden Menschenverstand entspricht.

Alter Wein in neuen Schläuchen?

Da nun plötzlich alle Manager nach Shareholder-Value strebten, drängt sich die Frage auf, was sie vorher getan haben. Des Weiteren fühlt man sich gedrängt zu fragen, was am Ziel der Shareholder-Value-Maximierung substanziell neu ist. Jeder Wirtschaftswissenschaftler lernt im ersten Semester, dass es in der Marktwirtschaft nur eine konsistente und überzeugende Zielfunktion des Unternehmens gibt, und diese lautet ganz einfach: Gewinnmaximierung. Diese Zielfunktion besitzt deshalb eine herausgehobene Stellung, weil sie sowohl den Umsatz als auch die Kosten, also beide Seiten des wirtschaftlichen Handelns, in gleichwertiger Weise einbezieht. Die Einhaltung der aus ihr abgeleiteten Grenzkosten=Grenzerlös-Bedingung maximiert nicht nur den Gewinn, sondern auch die Überlebenschancen eines Unternehmens.

Zu Recht bezeichnet Peter Drucker den Gewinn als die »Kosten des Überlebens«. Wer für diese (zugegebenermaßen fiktive) Position zu geringe »Kosten« einstellt, um dessen Überlebensfähigkeit steht es nicht gut. Auf dieser abstrakten Ebene betrachtet, besteht die primäre Aufgabe des Managements darin, sich – bildlich gesprochen – mit ganzer Kraft zwischen Kosten und Umsatz zu stellen und diese beiden Größen möglichst weit auseinander zu halten. Je weiter diese Variablen voneinander Abstand halten, desto größer sind die Überlebenschancen, desto sicherer demnach die Arbeitsplätze und desto höher der Shareholder-Value. Faktisch befinden sich die beiden Werte in vielen deutschen Unternehmen in gefährlicher Tuchfühlung. Im Jahre 2001 erzielten die deutschen Großunternehmen eine Nachsteuer-Umsatzrendite von 2,1 Prozent. Die Pufferzone zwischen Umsatz und Kosten ist also extrem schmal. Kein Militärstratege würde sich auf einen derart knappen Sicherheitsgürtel einlassen.

Nun wird sich mancher Wirtschaftsstudent an die Diskussion um Sinnhaftigkeit und Praxisrelevanz der Gewinnmaximierung erinnern, die vor allem in den sechziger und siebziger Jahren grassierte. In theoretischen Modellen wird meist eine kurzfristige Optimierung unterstellt. Das jedoch hat keine realitätsbezogenen, sondern im Wesentlichen didaktische Gründe, um die Modelle einfach zu halten. Es ist theoretisch wie empirisch völlig unstrittig, dass es in der Unternehmenspraxis um die langfristige Gewinnmaximierung gehen kann, womit wir exakt beim Shareholder-Value wären. In der Langfristigkeit ist dabei implizit auch der Wachstumsaspekt enthalten. Wachstum ist, wie die Untersuchungen von Professor Dave Ulrich von der *Michigan State University* zeigen, ein wesentlicher Treiber des Shareholder-Value. Will man das Konzept für die Praxis messbar machen, so heißt das operationale Ziel »Maximierung der Summe der abdiskontierten Cash-Flows« oder kurz auf Deutsch: Kapitalwert.

Wozu also die große neo-terminologische Windmacherei? Es ist für die hochfliegende Diskussion bereichernd, wenn jemand wie *DaimlerChrysler*-Finanzvorstand Manfred Gentz das Ganze als einen »simplen Mechanismus« beschreibt. Mehr ist es konzeptionell wirklich nicht, obwohl auch bei *DaimlerChrysler* mit dem Begriff viel Reklame gemacht und Staub aufgewirbelt wurde.

Shareholder-Value versus Langfristigkeit?

Wird das Bewusstsein um den Shareholder-Value vor den gravierenden Fehlinvestitionen und Kapitalvernichtungen der Vergangenheit bewahren? Schön wäre es, doch auch in dieser Hinsicht ist nichts grundsätzlich Neues zu vermelden. In jedem Buch zur Investitionsrechnung kann man lesen, dass die Rendite sinkt, wenn Investitionen vorweggenommen werden, deren interne Renditen die bisherige Durchschnittsverzinsung unterschreiten. Neo-terminologisch heißt dies: Es sollten nur Investitionen vorgenommen werden, die den Shareholder-Value erhöhen – also wiederum die alte Wahrheit in neuen Worten.

Aus den angestaubten BWL-Büchern wissen wir jedoch auch, dass es innovative Produkte und Projekte oft schwer haben, sich gegen die interne Verzinsung der *Cash-Cows* durchzusetzen, insbesondere, wenn diese hochprofitabel sind. So beklagten sich in einem Workshop vor allem jüngere Manager eines großen Konzerns, der die Messlatte für die Eigenkapitalrendite auf 15 Prozent hochgesetzt hat, dass sie kaum einen ihrer Vorschläge im Investitionsausschuss durchbringen. Das Risiko, dass Innovationen, die erst langfristig Früchte tragen oder mit hohen Risiken behaftet sind, zu kurz kommen, ist nicht von der Hand zu weisen. Unser Umgang mit dem Phänomen der Langfristigkeit bleibt – völlig unabhängig vom Shareholder-Value-Konzept – problembehaftet. Dieses Problem beruht auf der grundsätzlichen Unvorhersehbarkeit neuer Märkte oder Produkte. Es gibt in diesen Situationen keinen Ersatz für unternehmerisches Gespür, das seinerseits manchen Finanzanalysten als suspektes Konstrukt erscheint.

Die mit der Börsenflaute ab 2001 partiell einsetzende Verteufelung des Shareholder-Value-Begriffs ist demnach völlig unangebracht. Sie rührt wohl aus einem falschen Verständnis dessen, was Gewinn- und Wertmaximierung bedeutet, indem ein künstlicher Gegensatz zwischen Aktionärs- und Arbeitnehmerinteressen postuliert wird.

Shareholder-Value dient auch den Arbeitnehmern

Sind das Shareholder-Value-Konzept beziehungsweise die langfristige Gewinnmaximierung denn wirklich gegen die Mitarbeiter gerichtet? Diese uralte Diskussion will ich wirklich nicht aufwärmen. Die Geschichte hat sie beantwortet. Ich kenne viele Unternehmen, die bei der Gewinnmaximierung versagt haben. Den Mitarbeitern geht es dort generell schlecht, selbst wenn es ihnen vorübergehend scheinbar gut ging, oder sie haben im schlimmsten Fall ihren Arbeitsplatz und ihre Pensionsansprüche verloren. Ich kenne hingegen kein Unternehmen, das dauerhaft mit hoher Rentabilität wirtschaftet und mit dem die Arbeitnehmer dauerhaft schlecht fahren. Dies funktioniert schon aus einem einfachen Grund nicht: Die guten Mitarbeiter würden nämlich alle weglaufen – genauso wie die Aktionäre sich verabschieden, wenn der Shareholder-Value nicht stimmt.

Aktionäre und Arbeitnehmer verabschieden sich stets von den gleichen Unternehmen und strömen den gleichen Unternehmen zu. Die Korrelation zwischen Attraktivität am Arbeitsmarkt und Attraktivität an der Börse ist extrem hoch. Also können die Interessen der beiden Gruppen so verschieden nicht sein. Beide Gruppen haben eine weitere Gemeinsamkeit: Sie sind beide nicht dumm. Der Bankier Fürstenberg lag mit seinem Wort vom dummen Aktionär daneben. Und die Arbeitnehmer wissen sehr wohl, warum sie ein profitables Unternehmen als Arbeitgeber vorziehen. Sie wollen nämlich auch in einigen Jahren noch einen Arbeitsplatz haben.

Kopplung der Managergehälter an den Shareholder-Value

Ich hoffe, dass hinter der Verbreitung des Shareholder-Value-Gedankens mehr steckt als nur ein neuer Begriff, nämlich eine entschlossenere, substanzielle Hinwendung unserer Manager zu echter langfristiger Gewinnmaximierung. Dann wäre sehr viel erreicht und der Begriff Shareholder-Value hätte eine wahrhaft epochale Funktion erfüllt. Meine eingangs gestellte Frage, welche Ziele die Manager bis *dato* verfolgt haben, bleibt dabei offen. Vielleicht kommt es manchmal nur darauf an, eine alte Tugend mit einem neuen Schlagwort zu belegen, um sie zu erwecken und mit neuem Leben zu füllen.

Die konsequente Umsetzung des Shareholder-Value-Konzepts verlangt allerdings auch, dass die Ziele des Unternehmens und die Ziele der Manager möglichst konsistent gemacht werden. Denn auf einer solchen Inkonsistenz basieren manche Irritationen aus der Vergangenheit, bis hin zu der Annahme von William Baumol, dass Manager in der Realität das Ziel Umsatzmaximierung unter Beachtung eines Mindestgewinns verfolgen. Wenn ein möglichst hoher Shareholder-Value angestrebt werden soll, dann müssen die Manager auch in ihren variablen Gehaltsteilen in konsistenten Werten bezahlt werden. Dies sind aber erstaunlicherweise nicht die in den letzten Jahren vielfach praktizierten Aktienoptionen, sondern echte Aktien. Optionen haben nämlich kein Downside-Risiko, sondern sie brauchen nur wahrgenommen zu werden, wenn der Kurs steigt. Sie beinhalten also nur Chancen – mit dem Nullpunkt als größtem Risiko! Der Aktionär hat dagegen auch ein Risiko nach unten, das nur durch den Aktienbesitz des Managers symmetrisch abgebildet werden kann.

Ohne Downside-Risiko ist es nahezu zwangsläufig, dass die Manager mit Investitionen und Akquisitionen in die Vollen gehen. Geht es gut, dann kassieren sie ab. Geht es schief, dann ziehen sie mit einer hohen

Abfindung ihrer Wege und lassen die Aktionäre auf den vernichteten Werten sitzen. Die Incentives bestimmen das Verhalten, und mit Aktienoptionen sind die Anreize in eklatanter Weise falsch, nämlich einseitig, gesetzt. Wenn Manager – und zwar mit einem fühlbaren Teil ihres Vermögens – Aktien erwerben müssen, dann befinden sich Manager und Aktionäre endlich in einem Boot, die »Entfremdung« ist dahin.

Arme Deutsche

Im Hinblick auf den Börsenwert sehen sich die meisten deutschen Unternehmen im internationalen Vergleich einer ungünstigen Situation gegenüber. Die relative Position deutscher Unternehmen hat sich etwa im Vergleich zu amerikanischen Firmen durch die Börsen-Baisse Anfang des Jahrhunderts weiter verschlechtert.

Aus der niedrigen Bewertung ergeben sich gleich mehrere Nachteile und Risiken:

• Ein unterbewertetes Unternehmen läuft Gefahr, zum Opfer einer feindlichen Übernahme zu werden.
• Unterbewerteten Unternehmen fehlt die Akquisitionswährung. Schließlich erfolgen Übernahmen zunehmend nicht per Barzahlung, sondern durch Aktientausch.
• Inhaber von oder Aspiranten auf Aktienoptionen – dies sind vor allem Führungskräfte und andere Schlüsselpersonen – aber auch der Führungsnachwuchs und Hochschulabsolventen empfinden ein unterbewertetes Unternehmen als unattraktiven Arbeitgeber. Aktienoptionen sind eine feine Sache, solange der Aktienkurs stimmt. Bei schlechter Performance hingegen geht das Instrument nach hinten los. Der Vorstandsvorsitzende kommt seitens seiner Führungskräfte unter massiven Druck. So sagte mir ein junger, sehr unzufriedener Manager: »Vor wenigen Jahren waren meine Stock-Options noch eine halbe Million wert, heute sind sie Schall und Rauch.«

Zusammenfassend könnte man sagen: Die Kaufkraft, die Wettbewerbsfähigkeit sowie die Macht- und Verhandlungsposition eines Unternehmens wird vom Börsenkurs, oder präziser gesagt, vom Börsenwert eines Unternehmens bestimmt.

Niedrige Börsenwerte deutscher Unternehmen

Damit gelangen wir zu einem äußerst kritischen Schwachpunkt deutscher Unternehmen im Zuge der Globalisierung: Ihre Börsenwerte sind niedrig, sie sind also »arm«. Die Konsequenzen für die globale Verteilung zukünftiger Werte und Wertpotenziale sind gravierend. Die folgenden Vergleiche (alle Börsenwerte gelten für den 6. November 2002), decken frappierende und letztlich kaum erklärbare Diskrepanzen auf. So hat *Siemens* einen Börsenwert von 44,8 Milliarden Euro, der entsprechende Wert für *General Electric (GE)* beträgt 263,3 Milliarden Euro oder das 5,8-Fache. Fusionierte man auf dieser Basis die beiden Unternehmen rein rechnerisch, so bekämen die heutigen *Siemens*-Aktionäre knapp 15 Prozent an dem neuen Unternehmen »GE Siemens«. Ein Witz! Dieses Missverhältnis rechtfertigen nicht einmal die im internationalen Vergleich nach wie vor desolaten Gewinne der deutschen Firmen.

Nicht weniger frappierend stellen sich Vergleiche des *Siemens*-Börsenwertes mit den Börsenwerten weitaus kleinerer Unternehmen dar: *Microsoft*, mit einem der höchsten Börsenwerte weltweit, ist an der Börse 6,8-mal so viel wert wie *Siemens*, macht aber nur etwa ein Drittel des Umsatzes. *Intel* hat den 2,7-fachen Wert. *Cisco*, ein Hersteller von Internet-Routern, hat bei etwa einem Viertel des Umsatzes immerhin noch den 2,1-fachen Wert von *Siemens*. Um jedoch keinen falschen Eindruck zu erwecken: Es handelt sich hier keineswegs um ein *Siemens*-Dilemma, sondern um ein deutsches Problem. *Siemens* dient uns nur der beispielhaften Illustration.

Im Chemie- und Pharmabereich sieht es nicht besser aus. Die Börsenwerte von *Bayer* und *BASF* liegen bei 15 beziehungsweise 23 Milliarden Euro. *Merck* (USA) ist demgegenüber 161 Milliarden Euro wert, die britische *GlaxoSmithKline* bringt es auf 117 Milliarden Euro, die Schweizer Firmen *Novartis* und *Roche Holding* sind 100 beziehungsweise 51 Milliarden Euro an der Börse wert. Und in den meisten Fällen sind die Kurs-Gewinn-Verhältnisse der ausländischen Firmen deutlich günstiger. Das gleiche Bild setzt sich durch viele Branchen fort. Der amerikanische Einzelhändler *WalMart* erreicht einen Börsenwert von 240 Milliarden Euro, die deutsche *Metro*, fürwahr kein Umsatzzwerg, schafft 3 Prozent davon, nämlich 7,8 Milliarden Euro. Die *Karstadt Quelle AG* liegt trotz eines Umsatzes von 15,2 Milliarden Euro im Geschäftsjahr 2001 mit einem Börsenwert von 2,3 Milliarden Euro weit abgeschlagen auf einem der hintersten Ränge! Oder betrachten wir die Telekommunikationsbranche: Die *Deutsche Telekom* erreicht mit 45,1 Milliarden Euro gerade 49 Prozent des Börsenwertes der amerikanischen *Southwestern Bell*. Lediglich die deutsche Automobilbranche schneidet im internationalen Vergleich akzeptabel ab, nicht zuletzt deshalb, weil die amerikanischen Automobilunternehmen ebenfalls niedrig bewertet werden.

Im Zuge der Börsen-Baisse 2002 hat sich die relative Position deutscher Unternehmen sogar weiter verschlechtert. Im Laufe des Jahres 2002 ging der Dow-Jones-Index um 13 Prozent zurück, der Dax hingegen verlor 37 Prozent. Die hier beschriebenen Gefahren für deutsche Unternehmen haben also deutlich zugenommen.

Die Vergleiche mit den englischen und schweizerischen Firmen belegen auch, dass es sich nicht um ein europäisches, sondern um ein spezifisch deutsches Problem handelt, das allerdings auch in anderen europäischen Ländern (z. B. in Frankreich) sowie in Asien, dort sogar noch gravierender, besteht. Was geht hier vor? Was sind die Ursachen dieser Wertdiskrepanzen?

Ursachen und Folgen dieser Wertdiskrepanz

Neben der im internationalen Vergleich unbefriedigenden Gewinnsituation deutscher Unternehmen sehe ich eine Hauptursache der Unterbewertung in dem niedrigen Entwicklungsstand des deutschen Kapitalmarktes. Ich wage die Hypothese, dass der deutsche Kapitalmarkt aufgrund seiner Unterentwicklung die inneren Werte der deutschen Unternehmen nicht im gleichen Maße aufdeckt wie der amerikanische Kapitalmarkt. Bei gleicher innerer Leistungsfähigkeit erreicht also ein unter den deutschen Bedingungen agierendes Unternehmen einen spürbar geringeren Börsenwert als eine im amerikanischen Umfeld operierende Firma. Die Regierung hat in den letzten Jahren ein Übriges dazu getan, diesen Zustand weiter zu verschlechtern. Auch um Investor-Relations und Investor-Marketing der Deutschen steht es nicht gut; der hier herrschende erhebliche Nachholbedarf wird im folgenden Abschnitt verdeutlicht.

Was das für den zukünftigen globalen Fusionspoker bedeutet, ist evident: Die »armen Deutschen« schneiden katastrophal ab, werden nicht ernst genommen und riskieren, eine »Opferrolle« in der zukünftigen globalen Werteverteilung zu übernehmen. Allenfalls Asien steht noch schlechter da. Die gesamte Marktkapitalisierung einiger asiatischer Börsen liegt niedriger als diejenige von *Microsoft*.

Einzig *DaimlerChrysler* schneidet aufgrund der von Jürgen Schrempp konsequent verfolgten Globalisierung, verbunden mit einer *Shareholder-Value-Orientierung*, vergleichsweise gut ab. Die ehemaligen *Daimler*-Aktionäre erhielten 57 Prozent des fusionierten Unternehmens, die Zentrale liegt in Stuttgart und im Vorstand haben sich Deutsche durchgesetzt, faktisch übernahm *Daimler-Benz Chrysler*.

Wie stellt sich aber die Situation für deutsche Unternehmen in anderen Branchen, etwa in Pharma oder im Banking, dar, die mit Partnern verhandeln, deren Börsenwerte um ein Vielfaches höher liegen? Chancen- und hoffnungslos! Zumindest gilt das, solange es nicht gelingt – und hier sehe ich den einzigen Ausweg – die Kurse der deutschen Unternehmen relativ zu verbessern. Scheitert dies mittelfristig, so drohen ein Ausverkauf, eine gravierende Werteverschiebung zu Ungunsten der Aktionäre deutscher Firmen und – das betone ich ausdrücklich – auch der deutschen Arbeitnehmer und des Staates. Denn eines ist klar: Wenn die Unternehmenszentrale in New York oder London statt in Frankfurt sitzt, wirkt sich das allemal zum Nachteil der deutschen Mitarbeiter und des deutschen Staates aus. Sieht man unter diesem Aspekt, wie manche Poli-

tiker oder Gewerkschafter Scharfmacherei gegen die deutsche Börse betreiben und die steuerliche Situation für Anleger verschlechtern, dann
kann einem angst und bange werden. Das zarte Pflänzchen »deutscher
Kapitalmarkt« bedarf sorgfältiger Pflege und Entwicklung, um die deutschen Unternehmen im globalen Verteilungskampf mit ausreichender
Kaufkraft auszustatten. Jeder politisch oder sonst wie induzierte Schock
für die deutsche Börse bedeutet, dass wir bei dem anstehenden Poker
noch »ärmer« werden, als wir schon sind – die Arbeitnehmer letztlich
genauso wie die Aktionäre und der Staat.

Investor-Marketing

Eine neue Marketingfront tut sich auf: die Börse! Die beschriebene Unterbewertung ihrer Unternehmen wird für immer mehr deutsche Vorstandsvorsitzende zum Alptraum. Was ist zu tun? Offensichtlich zwei Dinge: erstens Hausaufgaben machen und zweitens ein wesentlich effektiveres
Investor-Marketing einleiten!

Bei den Hausaufgaben sehen deutsche Unternehmen gar nicht so
schlecht aus, aber die Situation scheint sich ein wenig zu verändern. So
beklagte sich der Vorstandsvorsitzende eines großen Industrieunternehmens: »Es ist zum Verzweifeln. Die Börse erkennt unsere Erfolge einfach
nicht an. Trotz enormer Verbesserungen bei den Kennzahlen kommt unser Börsenkurs nicht vom Fleck.« Natürlich spielen dabei auch die Rahmenbedingungen eine Rolle. Die großen internationalen Fonds machen
um Deutschland eher einen Bogen.

In jedem Falle reicht es nicht aus, nur Gutes zu tun, sondern man muss
die Leistung auch verkaufen. Das gilt in schlechten Börsenzeiten genauso
wie in guten. Diese Forderung geht über die gewohnten Investor-Relations hinaus. Wir sprechen von Investor-Marketing. Das Unternehmen
muss an der Börse professionell positioniert, vermarktet und an den Anleger gebracht werden. Der *Mannesmann-Vodafone*-Fall illustriert die
Bedeutung von Investor-Marketing.

Zu Beginn des zunächst feindlichen Übernahmeversuchs erreichte *Mannesmann* eine Börsenbewertung von etwa 100 Milliarden Euro, am Schluss wurde die Firma zu 180 Milliarden Euro übernommen. Klaus Esser, der damalige Vorstandsvorsitzende, kommentiert: »Wir haben unsere Fortschritte nicht genügend laut verkündet. Wir waren zu stark der deutschen Tradition verhaftet und zu zurückhaltend, unseren Wert und unsere Wertsteigerungen zu kommunizieren. Wenn der Übernahmewert von 180 Milliarden Euro auch nur teilweise zutraf, hätten wir dann die Anleger nicht früher überzeugen müssen, dass unser Börsenwert von 100 Milliarden Euro zu niedrig war? Wahrscheinlich hätte ein Börsenwert von 120 oder 130 Milliarden Euro gereicht, um zu einem anderen Ergebnis zu kommen. Die deutschen Großunternehmen, insbesondere die attraktiven, sollten daraus lernen. Man muss eine Schau abziehen wie die Amerikaner. Man muss das tun. Selbst wenn das vielen von uns gegen den Strich geht, ist es gut für die Gesundheit und das Überleben des Unternehmens.« Diese Aussage charakterisiert den Stellenwert des Investor Marketing in treffender Weise. Und angesichts dieser Situation verwundert es nicht, dass ihm allmählich größere Aufmerksamkeit zuwächst, auch wenn es aufgrund einer schlechten Börse zwischenzeitlich Rückschläge gibt.

Was bedeutet Investor-Marketing?

Investor-Marketing erfordert eine völlig neue Sichtweise und geht weit über die gewohnten Investor-Relations hinaus. Gemäß der Devise von Peter Drucker »Marketing heißt, das ganze Geschäft mit den Augen des Kunden zu sehen« dreht Investor-Marketing den Spieß radikal um und beginnt beim Kunden, dem institutionellen sowie dem privaten Anleger. Seine Bedürfnisse, Interessen und Wahrnehmungen bilden den Ausgangspunkt. Ziel ist es, die gigantische Lücke, die bei deutschen Unternehmen zwischen objektiver Leistung und Börsenbewertung klafft, zu schließen.

Wie im Produktmarketing muss dabei der gesamte Marketing-Mix ein-

gesetzt werden: Produkt/Equity-Story, Preis, Distribution und Kommunikation. Dabei ist ganz vorne anzufangen: bessere Informationen über die
Anleger, Segmentierung und zielgruppenspezifische Positionierung. Aber
bei diesen Erfordernissen sieht es im Hinblick auf professionelles Investor-Marketing eher finster aus. Auf die Frage, wie viel er für Information
und Kommunikation in diesem Bereich ausgebe und wie das mit dem
Produktmarketing in Relation stehe, antwortete der Vorstandsvorsitzende eines 30-Milliarden-Euro-Unternehmens: »Wenn's hoch kommt,
geben wir für Investor-Marketing 5 Millionen Euro aus. Für Produktmarketing liegt unser Budget bei 1,5 Milliarden Euro, also beim 300fachen.«

Dabei geht es ums Ganze. Jeder Topmanager muss heute an zwei
Fronten kämpfen, der Kundenfront und der Anlegerfront. Und an beiden Fronten ist Marketing unverzichtbar. In der Phase der Börseneuphorie haben manche Unternehmenschefs die Börse wohl überbetont. Solche
Übertreibungen sind in der Zwischenzeit weitgehend korrigiert worden,
oft wurde aber auch in Richtung des anderen Extrems reagiert: Da man
ohnehin an der Börsenfront nichts bewirken könne, brauche man auch
auf diese Seite keine Zeit mehr zu verwenden. Das ist natürlich unsinnig.
Wie immer sollte man nach einem vernünftigen Mittelweg suchen. Investor-Relations und Investor-Marketing werden ihren langfristigen Rang
in der Führung börsennotierter Aktiengesellschaften behalten.

Wie sollte man vorgehen?

1. Im ersten Schritt geht es um das Verständnis der Anlegerbedürfnisse
   und des Marktes. Konkret stehen hier die Treiber des Börsenwertes im
   Fokus: Gewinn, Strategie, Wachstum, Marktführerschaft, Wettbewerbsvorteile, die Rolle des Vorstandsvorsitzenden, interne Kompetenzen. All diese Faktoren spielen eine Rolle. Es geht vor allem um
   ihre Wirkung in den Augen der Investoren – das Ganze auf Basis gesicherter Informationen. Ich habe bisher kein Unternehmen getroffen,
   das in dieser Hinsicht mehr als rudimentäre Kenntnisse besaß. Im
   Übrigen sind die Anleger rational. Sie wollen nicht nur Gewinne se-

hen, sondern die Ursachen dahinter verstehen. Investor-Marketing zielt also auf den Kern der Unternehmensstrategie und deren Umsetzung in Form der Equity-Story. Könnte es sein, dass die wirkliche Ursache der Unterbewertung in Strategiemängeln oder in unzureichender Kommunikation liegt?

2. Die aus dem Marketing bekannten Konzepte wie Segmentierung, Zielgruppenauswahl und Positionierung sind sodann konsequent auf die Vermarktung des Unternehmens anzuwenden. Und hierbei geht es nicht nur um die institutionellen Investoren. Gerade die privaten können das Zünglein an der Waage sein. Bayer hat zum Beispiel 24 Prozent private Aktionäre. Oft wird kritisch hinterfragt, ob man ein Unternehmen wie ein Waschmittel vermarkten könne. Im Prinzip ja, wenn auch die Analogie zum Waschmittel nicht passt. Denn ob man Kernkraftwerke, komplexe Software, Bankleistungen oder ein Unternehmen vermarktet, ist nicht grundsätzlich verschieden. Aber Marketing braucht man immer.

3. Sehr wichtig ist das Verständnis für die Dynamik des Anlegerverhaltens. Es nutzt nichts, beim IPO oder bei guter Konjunktur neue Anleger zu gewinnen, die anschließend wieder abspringen. Es kommt gleichermaßen darauf an, Anleger als Erstkäufer zu gewinnen und sie als Dauerinvestoren zu halten. Nur dann bleibt der Börsenwert dauerhaft hoch. Hierzu muss die Dynamik des Anlegerverhaltens genau bekannt sein, ebenso muss man wissen, warum manche nicht kaufen und andere abspringen. Liegt es an der Bekanntheit, am Branchenimage, am Vertrauen, am Verhalten der Firma oder an den Führungskräften. So wich ein Konsumgüterunternehmen häufig von den Prognosen der Analysten ab, nach oben wie nach unten. Diese mögen das nicht. Nach einer Korrektur dieses Verhaltens verbesserte sich der Börsenkurs dauerhaft.

4. In der Umsetzung geht es um die gezielte Steuerung von Nachfrage und Angebot. Die Börse ist ein »perfekter Markt«, bei dem der Schnittpunkt von Nachfrage- und Angebotskurve den Kurs bestimmt. Beide Kurven sind gleich wichtig. Eine Angebotsverknappung treibt den Kurs genauso hoch wie eine Nachfragebelebung. Ich habe bisher jedoch noch keinen einzigen Finanzvorstand, Analysten oder Invest-

mentbanker getroffen, der diese Kurven kannte. Im Produktmarketing kennen wir diese Kurven ziemlich genau. Wie will man etwas steuern, das man nicht kennt?

Professionalisierung tut Not

Der Instrumentenkasten professionellen Investor-Marketings zeugt von zunehmender Kreativität. In die Equity-Story wird heute große Mühe investiert. Einführungsrabatte, Treueprämien und Zielgruppenpreise werden populär, genauso wie Werbung in Print, Fernsehen und Radio. Selbst eingetragene Aktienmarken, wie etwa die *T-Aktie* oder die *Aktie Gelb*, gibt es. Verstärkt tritt auch die Rolle des Vorstands in den Vordergrund, so hat Ulrich Schumacher durch seinen massiven Einsatz erheblich zum Börsenerfolg von *Infineon* beigetragen.

Es gibt also Chancen und Herausforderungen zur Genüge. Und auch in schlechteren Börsenzeiten sollte man das Thema nicht vernachlässigen. Denn systematisches Investor-Marketing erfordert Kontinuität. In den wenigsten Firmen reicht die vorhandene Organisation aus, denn der beschriebene konsequente Marketingansatz geht deutlich über die üblichen Investor-Relations hinaus. Zeitraubend ist vor allem die Verbesserung und Pflege der Informationslage. Investor-Marketing erfordert deshalb ein professionelles Team, das sich voll dieser Aufgabe widmet und über hohe Marketingkompetenz verfügt. Grundlegend ist die Annahme, dass bessere Information über die Anleger und die rigorose Betrachtung des Geschäfts aus deren Perspektive unabdingbare Voraussetzungen für eine Überlegenheit an der Börse sind.

Revolution

Haben Sie in Ihrer Firma schon die Revolution eingeleitet? Oder schlafen Sie noch? Ignorieren Sie gar Bücher wie *Leading the Revolution: Opera-*

tions Manual for Corporate Revolutionaries? Das klingt handfest, operativ, vielversprechend und begeistert viele Leser. Noch konkreter wird es im Vorwort: »The book begins by laying out the revolutionary imperative: we've reached the end of incrementalism, and only those companies that are capable of creating industry revolutions will prosper in the new economy.«

Der Schluss des Buchs hat es nicht minder in sich: »For the first time in history, our heritage is no longer our destiny. Our dreams are no longer fantasies but possibilities. Among the countless generations who had no hope of progress you are the one who now stands on the threshold of – the age of revolution. You are blessed beyond belief. Lead the revolution!« Der Autor Gary Hamel steht mit solchen Aufrufen zur Revolution nicht allein, andere Managementgurus blasen ins gleiche Horn, so seit Jahren Tom Peters. Buchtitel wie *Break All the Rules, Guerrilla Marketing* oder *Corporate Warfare* signalisieren die Morgenröte revolutionärer Taktiken und Bewegungen. Das Buch *The Cluetrain Manifesto – The End of Business as Usual* ordnet sich gar selbst in eine Reihe mit dem Kommunistischen Manifest ein.

Wer liest dies eigentlich alles? Und glaubt daran? Oder noch schlimmer, setzt es um? Ja, das gibt es wirklich. Das Ergebnis besteht aus einer Menge Schall und Rauch, oft aus Chaos. Sehr viel seltener sind positive Auswirkungen. Meistens blieb es bei der Verbalrevolution.

Wie steht es nun wirklich um die Revolutionen in Unternehmen, in Märkten, im Wettbewerb? Brauchen wir sie? Sind sie häufig oder selten? Wie soll man mit dem Thema umgehen? Zunächst zum Begriff: Revolution heißt bekanntlich Umkehrung, Umsturz der Ordnung, dabei schwingt etwas von Radikalität, Plötzlichkeit, Unvorhersehbarkeit mit. Revolutionen brechen – unvorhersehbar wie vulkanische Eruptionen – aus, sind mit Unruhe und Zerstörung verbunden. Demgegenüber zeichnet sich Evolution durch größeren Zeitbedarf, Allmählichkeit, graduellen Übergang und eine gewisse Kontinuität und Vorhersehbarkeit aus.

Revolution versus Evolution

Meine zentrale These lautet, dass Evolution für das Wirtschaftsleben weitaus typischer ist als Revolution. Echte Revolutionen sind in Märkten äußerst selten, Revolutionen, die zu dauerhaften Erfolgen führen, kommen praktisch nicht vor. Selbst so genannte Revolutionäre haben in Wirklichkeit ihre Unternehmen über Jahrzehnte systematisch und mit Ausdauer aufgebaut. Das gilt für die Gebrüder Albrecht genauso wie für Günter Fielmann, Michael Dell, Ray Kroc (Gründer von *McDonald's*) oder auch Richard Branson (Gründer der *Virgin*-Unternehmensgruppe). In der Realität sind diese »Revolutionäre« alle nüchterne, besonnen kalkulierende Unternehmer, die zwar Spielregeln neu definieren, sich dabei aber an grundlegenden, zeitlosen Wahrheiten orientieren. Von innen betrachtet haben all diese Erfolge nichts mit Revolution zu tun. Von außen lassen sie sich allerdings durchaus als revolutionär portraitieren und vermarkten – vor allem *ex post*.

Was steckt hinter dem Revolutionsgerede? Das Gleiche, was wir seit Jahren in der Managementliteratur erleben, das heißt Schlagwörter, Moden und Patentrezepte, die jeweils als die allein selig machende Problemlösung offeriert werden. In dieser Hinsicht habe ich wichtige Einsichten dem führenden Managementdenker Peter Drucker zu verdanken. Drucker zufolge verändern sich die grundlegenden Managementprinzipien über die Zeit kaum. Gutes Management hat wenig mit kurzfristigen Erfolgen oder gar Revolution zu tun. Ganz im Gegenteil: Es sollte sich sogar davor hüten. Solche historisch-langfristigeren Maßstäbe relativieren sowohl die »Börsenrevolution« der letzten Jahre wie auch die jüngste Untergangsstimmung an den Kapitalmärkten – und zwar *ex ante,* nicht erst *ex post.*

Ich darf einen weiteren berühmten Managementdenker anführen. Theodore Levitt, lange Jahre Professor an der *Harvard Business School,* schreibt: »Sustained success is largely a matter of focusing regularly on the right things and making a lot of uncelebrated little improvements every day.« Genau das ist gutes Management, viele kleine Schritte, Evolution, Inkrementalismus – nicht die eine große Revolution. Interessant ist auch, dass Peter Drucker den Begriff ›Revolution‹ nur äußerst sparsam verwendet, ganz im Gegensatz zu den populären Managementautoren der jüngsten Zeit. Nur eines seiner mehr als 30 Bücher führt im Titel das Wort ›Revolution‹ (*The Ecological Revolution*), obwohl sich praktisch alle Werke mit Veränderung befassen. Weitaus typischer für das Denken Druckers sind Titelelemente wie »Time of Great Change«, »Changing World«, »Turbulent Times«, »Innovation« oder »New Realities«. Sie legen nahe, die Welt als einen evolutionären Prozess ständigen Wandels und nie zum Stillstand kommender Veränderung zu verstehen.

Innovation ist evolutionär

Die Verneinung von Revolution besagt keinesfalls, dass Wandel und Innovation in der Wirtschaft eine untergeordnete Rolle spielen. Das Gegenteil ist der Fall: Nicht die Organisation von Routineprozessen, sondern die Bewältigung von Veränderungen, Turbulenzen und neuen Entwicklungen bildet die Kernherausforderung für Manager. Der kluge Umgang mit Neuem trennt auch hier »Manager-Weizen« von »Manager-Spreu«. Doch selbst Innovation ist in der Wirtschaft eher evolutionär als revolutionär. Revolutionen sind ein effektives Mittel zur Zerstörung überholter Systeme. Für den Aufbau von Neuem eignen sie sich nicht. Auch Schumpeter spricht nicht von »Zerstörung«, sondern von »kreativer Zerstörung«. Und Kreation, Aufbau, Neubildung erfolgen immer evolutionär.

Nun wird mir mancher Leser entgegenhalten, viele Märkte seien derart dynamisch, so schnellen und abrupten Strukturbrüchen unterworfen, dass das Paradigma der Revolution eher angebracht sei als das der Evolution. Ist dies wirklich so? Betrachtet man die Realität, so dauern die Entwicklungen selbst in sehr dynamischen Märkten relativ lange. Wie lange gibt es Mobiltelefone? Seit Anfang der neunziger Jahre als Massenprodukt. Es hat Jahre gedauert, bis die heutige hohe Penetration erreicht wurde. Nicht anders sieht es beim Internet aus. Und wie steht es mit den kurzen Produktzyklen im High-Tech-Bereich? In der Tat sind manche

High-Tech-Produkte extrem kurzlebig. Aber die Zyklen sind vorherseh-
bar, und man kann sich auf sie einstellen. Aber man muss extrem schnell
sein, da hier nur die Pioniere Geld verdienen. Die Modebranche weiß seit
jeher mit diesem Thema umzugehen. Wo ist da die Revolution? Vorhersehbarkeit ermöglicht Planung und verträgt sich gerade nicht mit Revolution.

Noch weniger angebracht ist das Revolutionsbild, wenn es um die inneren Veränderungen in Unternehmen geht. So mancher neu ernannte
Manager verspricht vollmundig, die Unternehmenskultur zu revolutio-
nieren und dabei keinen Stein auf dem anderen zu lassen. Aber ich habe
noch niemanden erlebt, der solche Versprechungen erfüllen konnte – allenfalls im negativen Sinne, dass eine Kultur zerstört wurde. Unternehmenskulturen sind zählebig und ändern sich nur langsam, selbst wenn
ein neues System oder eine neue Organisationsstruktur übergestülpt
wird. Somit empfiehlt es sich auch hier, auf die Revolutionsrhetorik zu
verzichten und den evolutionären Ansatz vorzuziehen. Beim 150-jähri-
gen Jubiläum der *Siemens AG* im Jahr 1997 fragte mich ein Vorstand,
wie lange ich *Siemens* kenne und was sich in dieser Zeit verändert habe.
Seiner Meinung nach seien die Änderungen revolutionär. Meine Antwort
fiel anders aus: »Ich kenne die Firma seit rund 20 Jahren, meinem Gefühl nach hat sich nur wenig geändert. Ich vermute, dass sich auch seit
150 Jahren in den Grundwerten kaum etwas geändert hat.« Vielleicht
ein bisschen übertrieben, aber nicht allzu sehr!

Was sind die Lehren aus diesen Überlegungen?

1. Falls Sie scheitern wollen, versuchen Sie es mit der Revolution. Ansonsten empfehle ich die Evolution.
2. Entwickeln Sie eine gehörige Portion Skepsis gegenüber allem Revolu-
   tionsgetöse, selbst wenn dieses mit scheinbar überzeugenden Beispie-
   len unterlegt wird. Versuchen Sie stattdessen zu verstehen, was wirklich vorgeht.
3. Lassen Sie sich nicht von kurzfristigen Erfolgsstories blenden, die angeblich auf revolutionärem Wege erreicht wurden. Warten Sie ab, ob
   der Erfolg auch langfristig hält.

4. Verstehen Sie gutes Management primär als evolutionär, als Politik der kontinuierlichen, kleinen Verbesserungen. Wenn Sie viele kleine Dinge etwas besser machen als Ihre Konkurrenten, dann wird Ihr Erfolg in der Tat revolutionär sein.

Kapitel 5
Das Wesen der Wissensgesellschaft

Brainpower

»Die Reiche der Zukunft sind Reiche des Geistes«, sagte Winston Churchill. In dem Buch *Powershift* unterscheidet der Zukunftsforscher Alvin Toffler drei Quellen von Macht: Gewalt, Geld und Wissen. Er lässt keinen Zweifel daran, welche der drei die Trumpfkarte für Überlegenheit in der Zukunft sein wird: das Wissen. Dies gilt in der Politik wie in der Wirtschaft. In modernen Kriegen hat die Seite mit dem unterlegenen Know-how keine Chance, egal wie viele Soldaten sie einsetzt.

Nicht anders ist es im Wettbewerb. Die Unternehmen mit dem besseren Geisteskapital und der Fähigkeit, dieses in Marktleistung zu transformieren, werden siegen. Die Börse honoriert dies schon lange. Hohe Wertschätzung erfahren am Kapitalmarkt Wissensunternehmen wie etwa die Softwarefirmen *Microsoft* oder *SAP* oder forschende Arzneimittelhersteller. Solche Unternehmen sind wiederum als Arbeitgeber begehrt. Sie gewinnen junge, besonders begabte Absolventen. Damit kommt eine Positivspirale in Gang: Brainpower zieht Brainpower an, womit die Intelligenz des Unternehmens weiter steigt.

Kein Unternehmen kann sich dem Trend zu mehr Brainpower entziehen. Alle Branchen werden geist- und wissensintensiver. In seinem äußerst originellen Buch *The Age of Unreason* schätzt Sir Charles Handy, dass im Jahr 2000 mehr als 70 Prozent aller Arbeitsplätze durch Know-how bestimmt und nicht mehr primär manuell ausgerichtet sein werden.

Und Peter Drucker prophezeit, dass typische Großunternehmen in 20 Jahren organisations- und führungsmäßig eher Krankenhäusern oder Symphonieorchestern – beides brainpower-intensive Organisationen – als Produktionsbetrieben heutiger Art ähneln werden.

In manchen Branchen ist die Brainpower-Dominanz bereits Realität. So berichtet etwa die Softwarefirma *Cap Gemini*, dass 82 Prozent ihrer 17 000 Beschäftigten akademisch ausgebildet seien. Solche Bildungsintensitäten gab es historisch allenfalls bei den Jesuiten, doch heute sind sie in forschungs-, know-how- oder beratungsintensiven Branchen normal.

IQ von Unternehmen

Was bewirkt das Geisteskapital im Unternehmen? Es ersetzt im Wesentlichen andere Produktionsfaktoren. Bei der Automatisierung wird manuelle Arbeit durch geistige Vorleistung in Verbindung mit Kapitalinvestitionen substituiert. Forschung dient in weiten Teilen dazu, Rohstoffe einzusparen; so braucht man in der Telekommunikation heute statt einer Tonne Kupfer nur noch 100 g Glasfasern. Doch der Geisteseinsatz macht keineswegs bei den materiellen Faktoren halt. Expertensysteme übernehmen bisherige »White Collar-Arbeit«. Die steigende Bedeutung des Geisteskapitals erwächst nicht nur aus höherer technischer Komplexität, sondern gleichermaßen aus organisatorischen Veränderungen wie Dezentralisierung und Delegation der Verantwortung nach unten.

Trotz dieser immer kritischeren Rolle steht die Brainpower eines Unternehmens in keiner Bilanz. Kaum jemand verfügt über aussagekräftige Zahlen und Konkurrenzvergleiche. Es wird deshalb Zeit, dass wir einen Intelligenzquotienten (IQ) für Unternehmen entwickeln, der das gesamte Geisteskapital einer Firma misst. Ähnlich wie in der Literatur (etwa in Howard Gardners *Multiple Intelligences*) sollte man hierbei einen breiten Intelligenzbegriff verwenden. Zum Geisteskapital einer Firma zählen nicht nur die Intelligenz der Mitarbeiter im engeren Sinne, sondern auch Erfahrungen, Marktkenntnisse, Wissen über Lieferanten sowie eingespielte Beziehungen, Vertrauen und Führungsfähigkeiten. Die

Unternehmensintelligenz ist mehr als die Summe von Einzelintelligenzen, denn ihr Netzwerkcharakter begründet Synergien: Das Ganze übertrifft die Summe der Einzelelemente. Die Intelligenz des Unternehmens ist gleichzeitig In- und Output seiner Tätigkeit. Mit jedem Geschäft wird neu hinzugelernt, und das Wissen mehrt sich.

Versuchen Sie einmal, den IQ Ihres Unternehmens im Vergleich zur Konkurrenz zu schätzen – eine interessante Übung. Oft stelle ich hierbei große Unsicherheiten fest. Man kann nicht einmal die Intelligenz der eigenen Mannschaft, geschweige denn die der Konkurrenz halbwegs sicher beurteilen. Vergleiche von F&E-Budgets sind irreführend, wenn Leute mit unterschiedlicher Intelligenz das Geld verwenden. Die meist implizite Annahme, dass die anderen genauso klug sind wie wir, ist gefährlich. Wenn die Geschichte eines lehrt, dann die Unrichtigkeit dieser Annahme. Die meisten Unternehmen stellen nach einer sorgfältigen Bestandsaufnahme fest, dass ihr Geisteskapital größer ist, als *ex ante* angenommen.

Freisetzung von Brainpower

Eine der großen Managementherausforderungen liegt deshalb in der Entwicklung und Mobilisierung der Brainpower des Unternehmens. »In most companies the management of intellectual capital is still uncharted territory, and few executives understand how to navigate it«, heißt es in einer amerikanischen Studie.

Der wichtigste Weg besteht dabei in existierenden Unternehmen nicht im Anheuern neuer Genies, sondern in der Mobilisierung des geistigen Potenzials der vorhandenen Mitarbeiter. Der moderne Wettbewerb fordert die maximale Ausschöpfung jedes Gramms an Intelligenz jedes einzelnen Mitarbeiters. Das sind nicht meine Worte, sondern die von Konosuke Matsushita, des Gründers von *Matsushita Electric*. Die Realität zeigt uns das krasse Gegenteil: In den meisten Firmen wird das geistige Potenzial der Mitarbeiter nur zu Bruchteilen ausgeschöpft. Dies gilt insbesondere für viele gut ausgebildete, intelligente Führungsnachwuchskräfte. Wie oft höre ich von jungen Leuten, dass sie viel mehr tun könnten und wollten, als sie tatsächlich dürfen. Große Organisationen unterliegen der ständigen Gefahr, die Kreativität ihrer Mitarbeiter zu unterdrücken. Die Ursache liegt vor allem in zu starken Einschränkungen. Je intelligenter ein Mitarbeiter ist, desto weniger Management von oben braucht er und desto mehr Freiräume und Verantwortung benötigt er zur Nutzung seines vollen Potenzials. Arbeiten in herausfordernden Teams, die Einrichtung von »Centers of Excellence«, »World-Class-Projekte«, stimulierende externe Kontakte, frühe Profit-Center-Verantwortung sind nur einige der vielen Wege zur Freisetzung von Brainpower. Die Firmen, die ihren Mitarbeitern solche Freiräume bieten, sind meist um ein Vielfaches besser als diejenigen, die scheinbar alles wohlgeregelt im Griff haben.

Bei Spitzenleuten gehe ich sogar einen Schritt weiter. Hier gilt nicht »people follow strategy«, sondern zumindest partiell »strategy follows people«. Will man Intelligenzträger bei der Stange halten, so muss sich die Strategie auch an ihren Interessen orientieren. Kürzlich sagte mir der Dekan einer bekannten Business School, er habe gelernt, dass es illusorisch sei, den Spitzenleuten in seiner Fakultät seine Strategie vorzuschreiben, vielmehr müsse sich die Schule nach diesen Spitzenleuten ausrichten. Diese Einsicht lässt sich auch auf Unternehmen übertragen, denn Spitzenleute, wenn auch wenige, sind für den Erfolg unverzichtbar. Nicht die durchschnittliche Intelligenz eines Unternehmens zählt, sondern die Spitzenintelligenz gepaart mit ausreichender Intelligenz in der Breite, um die Ideen der Spitzenköpfe umzusetzen.

Schimäre Wissensmanagement

Wie heißt eines der heißesten Managementschlagworte unserer Zeit? Ohne Zweifel »Wissensmanagement«! Die Welt quillt über von Publikationen, Seminaren und auch Wunderverheißungen zu diesem Thema. Doch selten enthalten die Artikel, Vorträge, Kolumnen, Bücher und klugen Statements etwas, das sich konkret verwerten ließe. Ich bin der Meinung, dass wir ganz einfach nicht wissen, was Wissensmanagement ist. Eher schon können wir abgrenzen, was Wissensmanagement nicht ist. Auch eine solche Bestimmung ist hilfreich, da sie uns davon abhält, falsche Wege zum Wissensmanagement zu beschreiten und damit zu scheitern. Die folgenden Thesen formulieren, was Wissensmanagement nicht ist, ohne einen Anspruch auf Vollständigkeit zu erheben.

Daten sind kein Wissen

Wissensmanagement ist kein primär informationstechnologisches Problem. Präziser formuliert: Die Informationstechnologie bildet allenfalls eine notwendige, keinesfalls jedoch hinreichende Bedingung für effektives Wissensmanagement. Dies liegt daran, dass Daten nicht Information sind und Information nicht Wissen ist. Wissen erfordert ein vertieftes Verständnis der Zusammenhänge, der Konsequenzen und auch der schwer fassbaren Rahmenbedingungen. Wenig davon findet sich in den heutigen Datenbanken und IT-Systemen. Wissen in diesem Sinne wird nach wie vor am effektivsten – oder überhaupt nur – durch direkte persönliche Kommunikation vermittelt. Ein Beispiel: Die Beurteilung eines Bewerbers anhand der Informationen in seinem Lebenslauf hat nur geringes Gewicht im Vergleich zur unmittelbaren Beurteilung der Person durch ausführliche Gespräche, Beobachtungen des Verhaltens und der Körpersprache. Im Grunde ist die Information aus dem Lebenslauf nicht mehr als eine Eintrittskarte für die persönliche Beurteilungsphase. Nicht anders sieht es beim Wissen zum Umgang mit Mitarbeitern, Kunden, Lieferanten, Banken oder Behörden aus.

Der Empfänger bestimmt, was er wissen will

Der wichtigste Aspekt im Wissensmanagement ist nicht, was der Wissensträger weiß, sondern was der Empfänger wissen will oder wissen sollte. Wissensmanagement muss deshalb mit der Frage an die potenziellen

Empfänger beginnen, was sie wissen möchten. Als Peter Drucker mir diesen Gedanken nahe brachte, musste ich mir selber eingestehen, dass ich meinen Mitarbeitern diese Frage noch nie gestellt hatte. Stattdessen bombardierte ich sie ständig mit Wissen aus meinem Kopf. Ob sie das wirklich wissen wollten, ob es für sie hilfreich war oder sie nur überlastete, blieb ungeklärt. Ähnliches gilt für die meisten Daten- und Informationsbanken. Sie sind voll von »Push-Wissen«, das irgendjemand dort hineingesteckt hat. Hingegen gibt es auf die konkreten Fragen, die von Wissenssuchenden gestellt werden, meist nur spärliche Antworten. Ergänzend sei angemerkt, dass die Frage, was man wissen möchte, keineswegs trivial ist. Als ein Mitarbeiter mir diese Frage stellte, musste ich einige Tage nachdenken, um eine systematische Wunschliste zusammenzustellen. Meine diesbezüglichen Wünsche waren stark auf das Thema »no surprises« ausgerichtet, das heißt ich wollte primär und frühzeitig über sich abzeichnende Probleme und Schwierigkeiten informiert werden, um schnellstmöglich agieren zu können. Denn nur auf diese Weise lässt sich verhindern, dass das Kind in den Brunnen fällt und man es aus diesem mühsam bergen muss. Wissen dieser Art bekomme ich jedoch nicht aus unseren Datenbasen, sondern nur direkt von den verantwortlichen Mitarbeitern. Der uralte Wunsch der Manager nach »Frühwarnsystemen« oder »Early Warning Indicators« wird auch im Zeitalter von Wissensmanagement unerfüllt bleiben. Denn die frühen Warnsignale stecken in den Köpfen, stärker noch im Bauchgefühl der Mitarbeiter und nicht in Daten, die über bereits Eingetretenes berichten.

Aus Fehlern lernt man mehr als aus Erfolgen

Formales Wissensmanagement kommt nie an negatives Wissen heran. Dabei ist diese Sorte des Wissens oft noch wichtiger als positives Wissen. Mit »negativ« bezeichne ich Wissen aus Fehlschlägen, Irrtümern und Flops. In der Regel lernt man aus solchen Fehlern mehr als aus den Erfolgen. Jeder wird sich aber hüten, seine Fehlschläge in kodifizierter Form zur Verfügung zu stellen und sich damit dem öffentlichen Spott, der Kritik oder der Schadenfreude auszusetzen. Das heißt, jeder ist bemüht, sein negatives Wissen geheim zu halten.

So musste ich früher als BWL-Professor immer wieder feststellen, dass es praktisch unmöglich war, von den Unternehmen Freigaben für Fallstudien über Fehlschläge zu erhalten. Hingegen war die Bereitschaft, Fallstudien über Erfolge zur Veröffentlichung freizugeben, stets sehr hoch. Über eigene Fehlschläge wird man nur mit Menschen kommunizieren, zu denen man höchstes Vertrauen besitzt – Vertrauen in dem Sinne, dass sie das negative Wissen niemals gegen uns verwenden werden. Vertrauen ist deshalb neben der Frage über die Wissenswünsche in jeder Organisation die wichtigste Bedingung für effektives Wissensmanagement. Nur wenn die Unternehmenskultur dieses Vertrauen in vertikaler wie horizontaler Richtung beinhaltet, wird diese wichtige Seite des Wissensaustauschs zustande kommen.

Wissenstransfer braucht Kommunikation und Motivation

Meiner Erfahrung nach lassen sich die Inhalte von Wissensmanagement nur begrenzt planen. Um solche Grenzen der Planbarkeit zu überschreiten, ist eine regelmäßige, intensive Kommunikation zwischen Wissensträgern, die ja immer auch Wissenssuchende sind, notwendig. Diese Kommunikation darf zudem nicht zu stark zielbezogen sein, sonst grenzt sie von vorneherein zu viele Chancen des Wissenstransfers aus. Je intensiver man kommuniziert, desto wahrscheinlicher ist es, dass auch ungeplante Inhalte, die sich später auf unerwartete Weise als nützlich herausstellen, vermittelt werden. Ich stelle immer wieder fest, dass gerade aus spontanen Gesprächen neue Ideen und Anregungen entspringen. Und oft erweist sich ein Gedankenaustausch nicht im intendierten Sinne, sondern auf einem anderen, völlig unerwarteten Gebiet als informativ. Im Grunde ist intensive Kommunikation auch der einzige Weg, das Verständnis der Wissensbedürfnisse des Partners ständig zu vertiefen. Als Faustregel schätze ich, dass allenfalls fünfzig Prozent des vermittelten Wissens *ex ante* planbar sind. Für den Rest gilt, dass Wissensmanagement ungeplante, nicht zweckbezogene Kommunikation erfordert.

Formales Wissensmanagement beschränkt sich zwangsläufig auf kognitives Wissen und vernachlässigt damit Aspekte wie Willen und Motivation. Schon Blaise Pascal wies darauf hin, dass eine Rechenmaschine mehr könne als ein Tier, ihr aber der Wille abginge. Das gilt auch für das Wissensmanagement. Enorm wichtig beim Wissenstransfer sind Elemente wie Ermutigung, Antrieb, Trost, Appelle zum Weitermachen, Hinweise auf Widerstände, alles, was mit Durchsetzung, Umsetzung, Führung und Willen zu tun hat. Wissen, wenn es effektiv vermittelt werden soll, lässt sich nicht sauber in kognitive und motivationale Komponenten aufspalten. Das kennt jeder aus der Schule: Bei einem Lehrer, den wir mochten, der uns motivierte, haben wir weitaus mehr gelernt als bei einem, der die gegenteiligen Wirkungen auf uns hatte – auch wenn beide exakt die gleichen Inhalte vermittelten. Im betrieblichen Alltag gilt dies genauso.

Multimedial kommunizieren

Schließlich ist Wissensmanagement keine einmediale Kunst. Um Wissen effektiv zu transferieren, sollte man mehrere Kanäle nutzen, nicht nur die Schrift in elektronischer oder gedruckter Form. Weitaus besser ist es, sowohl zu schreiben als auch zu reden. Das gilt für beide Seiten. Für den Wissensträger ergibt sich außerdem eine Synergie, wenn er beides tut. Ich stelle immer wieder fest, dass ich beim Reden und beim Schreiben jeweils neue Einsichten gewinne, dazulerne. Vortragen heißt zweimal lernen, sagte der Philosoph Kalleb Gattegno. Und Schreiben zwingt zu größerer Schärfe beim Denken und beim Formulieren.

Noch wichtiger sind beide Formen in Bezug auf den Empfänger. Peter Drucker behauptet, dass es »Hörer« und »Leser« gibt. Die einen nehmen Wissen nur wirksam auf, wenn sie hören, die anderen nur, wenn sie lesen. Stellt man Wissen lediglich in einer Form zur Verfügung, so wird man es der einen oder der anderen Gruppe nicht erfolgreich vermitteln können. Besonders schwer tun sich Manager meiner Erfahrung nach beim Schreiben. Doch dafür gibt es ein einfaches Rezept: Sie sollten das Schreiben jemandem überlassen, der diese Kunst beherrscht. Sie finden sich in guter Gesellschaft: Platon, Jesus und viele andere Große der Weltgeschichte haben nie ein Wort geschrieben. Selbst Goethe hatte einen Schreiber.

Was folgt aus alldem? Natürlich muss die IT-Infrastruktur stimmen. Machen Sie sich darüber hinaus nicht zu viele Sorgen über das Schlagwort ›Wissensmanagement‹. Fördern Sie stattdessen eine offene Unternehmenskultur. Sorgen Sie für intensive Kommunikation in vertikaler und horizontaler Richtung. Und bestrafen sie nicht diejenigen, die auch »negatives Wissen« offen thematisieren. Schließlich kommt es darauf an, das Wissen nicht künstlich von den Menschen zu trennen, damit auch Motivation, Begeisterung, Umsetzungs- und Durchhaltewillen zusammen mit den Inhalten »rüberkommen«. Wenn es in diesem Sinne gelingt, eine Wissenskultur zu schaffen, dann braucht Ihnen vor der Schimäre Wissensmanagement nicht bange zu sein.

Geistesleister: ein Sack voller Flöhe

Wir reden ständig von Dienstleistungen und davon, dass sie einen immer größeren Anteil zum Bruttosozialprodukt beisteuern. Mittlerweile dürften es bei richtiger Zuordnung mehr als 80 Prozent sein. Die weite Fassung des Dienstleistungsbegriffs vernebelt jedoch die dahinter stehenden Triebkräfte. Der Dienstleistungsbegriff ist zu weit gegriffen und zu heterogen, um konkrete Hinweise auf Besonderheiten der Leistungserbringung und insbesondere der Führung zu liefern. Dienstleistungen reichen von sehr einfachen Verrichtungen (etwa Reinigungsservice) bis hin zu hochkomplexen Aufgaben wie beispielsweise Ausbildung, Forschung oder Rechtsberatung. Dementsprechend unterscheiden sich die Anforderungen an die Führung der jeweiligen Mitarbeiter und an die Unternehmenskultur.

Was ist ein Geistesleister?

Wie hütet man einen Sack voller Flöhe? Bekanntlich weiß auf diese Frage niemand eine Antwort. Ähnlich sieht es mit dem Umgang mit Geistesleistern aus. Wie führt man Mitarbeiter in einem Geistesleistungsunternehmen? Solche Unternehmen gewinnen in der modernen Wissensgesellschaft enorm an Bedeutung. Kultur und Führung von Geistesleistern sollten sich durch sehr viel Freiheit, vor allem in den Arbeitsprozessen auszeichnen. Das Wie der Leistungserstellung darf nicht zu detailliert geregelt werden, da sonst Einschränkungen der Kreativität drohen. Hingegen bedarf es bei den Zielen klarer Absprachen. Führungskräfte in Geistesleistungsunternehmen müssen damit leben, dass sie »nicht alles im Griff haben«.

Geistesleistungsunternehmen beschäftigen fast ausschließlich einen Typus Mensch, den Peter Drucker bereits Ende der sechziger Jahre voraussah und »Wissensarbeiter« (Knowledge-Worker) nannte. Ich darf als Beispiel unser eigenes Unternehmen anführen: Von den rund 175 Mitarbeitern haben mehr als 80 Prozent einen Hochschulabschluss. Die übrigen besitzen ebenfalls hochstehende Qualifikationen wie etwa IT- oder Recherchekenntnisse. Natürlich gibt es auch in traditionellen Unternehmen zahlreiche Wissensarbeiter, aber sie bilden meistens eine Minderheit und konzentrieren sich auf bestimmte Bereiche wie die Forschungsabteilung oder die Zentrale.

Wie führt man Geistesleister?

Was unterscheidet nun die Führung von »normalen« Mitarbeitern und von Geistesleistern? Die größte Differenz liegt im Prozess der Leistungserstellung. Bei einem Arbeiter, der Schrauben produziert, lässt sich dieser Prozess direkt beobachten und damit steuern. Ganz anders sieht das bei einem Geistesleister aus. Stellen wir uns einen Kreativen in einer Werbeagentur vor: Er steht vor dem Fenster und schaut hinaus. Ist er nun produktiv tätig oder macht er gerade Pause? Niemand weiß das. Ist ein Programmierer, der 100 Zeilen am Tag schreibt, besser als einer, der das Problem mit zehn Zeilen löst, aber dafür anderthalb Tage braucht? Die Leistungen dieser Mitarbeiter lassen sich nur am Ergebnis messen, nicht aber durch direkte Prozessbeobachtung. Und selbst das Ergebnis ist oft schwer zu beurteilen. Während man die Qualität der Schrauben relativ einfach messen kann, erweist sich die Beurteilung einer Werbekampagne, einer Software, eines Verkaufsbesuchs als äußerst schwierig. Letztlich kann nur der Markt über solche Resultate befinden, und das oft erst mit erheblichen Zeitverzögerungen. Denn gerade die Ergebnisse hochqualifizierter Wissensarbeiter, etwa in Forschungsabteilungen, zeigen sich erst nach Jahren.

Eine weitere Besonderheit besteht darin, dass die potenziellen Leistungsunterschiede zwischen guten und schwachen Mitarbeitern mit zunehmendem Wissensgehalt ansteigen. Bei einfachen Tätigkeiten ist ein sehr guter Mitarbeiter etwa doppelt so produktiv wie ein leistungsschwacher Kollege. Bei einem Softwareentwickler kann dieser Unterschied bereits auf das Fünf bis Zehnfache ansteigen. Und bei einer Topführungskraft liegen ganze Welten, etwa Unternehmenserfolg versus Bankrott, zwischen ausgezeichneter und medioker Performance.

Diese Gegebenheiten haben gravierende Konsequenzen auf Führung und Unternehmenskultur. Wissens- und Geistesarbeiter sind anders zu führen als Arbeitnehmer, die einfachere Tätigkeiten verrichten. Die größte Besonderheit besteht in der größeren Freiheit bezüglich des Prozesses der Leistungserstellung. Hingegen sollten im Hinblick auf die Ziele keine allzu großen Freiheiten gelassen werden. Geistesleistungsunternehmen fahren am besten, wenn sie ihren Mitarbeitern in der Gestaltung der Arbeit große Spielräume lassen, aber gleichzeitig bei den Ergebnissen hohe Anforderungen stellen. Letzteres fordert den Geistesarbeiter heraus und spornt ihn zu höherer Leistung an. Ersteres fördert vor allem seine Kreativität, da diese keinen engen Schranken unterworfen ist. Aus diesen Postulaten können sich sehr konkrete Auswirkungen für die Gestaltung des Arbeitsverhältnisses ergeben.

Unternehmenskultur und Geistesleistung

Die nachfolgenden Aspekte sollten bei der Gestaltung der Arbeitsver-
hältnisse und des Arbeitsumfelds von Geistesleistern beachtet werden.

• Scharfe Arbeitszeitregelungen machen bei Geistesarbeitern wenig
Sinn. Ein kreativer Geistesarbeiter kann in acht Stunden mehr zustande bringen als ein unkreativer in einem 16-Stunden-Arbeitstag.

• Ähnlich steht es um genaue Vorschriften zu Abläufen, etwa Pausenre-
gelungen, Arbeitsort, Reisevorschriften, Kleidervorschriften und Aus-
stattung. Natürlich brauchen Unternehmen gewisse Standards, aber
diese sollten nicht dazu führen, dass die Geistesarbeiter von allen Vor-
lieben Abschied nehmen müssen und in ein Zwangsmuster gepresst
werden. Kreativität und Uniformierung vertragen sich nicht, klingen
nach einem Widerspruch in sich.

• Die Führungskräfte in Geistesleistungsunternehmen müssen lernen,
dass sie nicht alles im Griff haben. Der Chef eines Beratungsunterneh-
mens formulierte dies anschaulich: »Mein wichtigstes Kapital hat
Füße. Jeden Abend verlässt es das Unternehmen. Ich kann nur hoffen,
dass es am nächsten Morgen wiederkommt«. Nun, auch die Geistesarbeiter kehren in der Regel am anderen Tag an ihren Arbeitsplatz zurück. Aber auf Dauer werden sie dies nur tun, wenn sie ihr Wissen
und ihre Kreativität entfalten können. Denn daraus erwächst ihre in-
trinsische Motivation.

• Eine entscheidende Rolle spielen die Ziele. Der Zielvereinbarung ist
deshalb große Aufmerksamkeit und ausreichend Zeit zu widmen. Dies
ist auch deshalb notwendig, weil die Zielformulierung alles andere als
einfach ist. Einem Produktionsarbeiter kann man als Ziel setzen,
soundso viel Stück in einer bestimmten Zeit herzustellen. Einem Verkäufer kann man ohne große Schwierigkeiten ein Umsatzziel vorge-
ben. Aber was kann ein Forscher in einem vorgegebenen Zeitraum erreichen? Und wie wird die Qualität des Erreichten gemessen? Häufig
erweist es sich als hilfreich und notwendig, ein Oberziel in viele kleine
Unterziele aufzuspalten. Richtungsvorgabe, Motivation, Commitment

und Überprüfbarkeit sind Forderungen, die an die Zielformulierung zu stellen sind – eine anspruchsvolle Aufgabe.

• Das Arbeitsumfeld ist für Wissensarbeiter sehr wichtig. Sie wollen mit Kollegen und Vorgesetzten zusammenarbeiten, die auf ihrem Gebiet besonders qualifiziert sind und von denen sie etwas lernen können. Ob jemand in ein Team passt, ist deshalb ein Auswahlkriterium von hoher Bedeutung. Besonders qualifizierte und auch nach außen bekannte Mitarbeiter erweisen sich in Bewerbungsprozessen als wichtige Assets. Aus Universitäten ist dieses Phänomen bestens bekannt. Es gilt ähnlich für Unternehmen.

Natürlich gilt auch für Geistesarbeiter, dass sie ökonomische Menschen sind und bleiben. Das heißt, Incentive-Systeme, Beförderungen, Anerkennung und die finanzielle Honorierung von Leistung müssen stimmen. Doch das allein reicht nicht aus, um die wirklich Guten zu gewinnen und bei der Stange zu halten. Es muss eine Kultur hinzukommen, die den Präferenzen dieser überdurchschnittlichen Mitarbeiter gerecht wird. Als den essentiellen Bestandteil dieser Führungskultur sehe ich das Merkmal »Freiheit« an. Mir ist bewusst, dass die Forderung nach Freiheit den Kontrollbedürfnissen vieler Unternehmen und Unternehmer zuwiderläuft. Doch sollte sich jeder vor Augen halten, dass man gerade gute Leute zu nichts zwingen kann. Sie müssen aus sich heraus liefern. Und das tun sie nur freiwillig. Wenn man ihnen nicht genügend Freiheit lässt, dann gehen sie woanders hin. Eben, wie ein Sack voller Flöhe!

Menschenverschwendung

Auf eine Anzeige für Unternehmensberater erhielten wir 350 Bewerbungen. Die folgenden zwei Profile waren typisch für etwa ein Fünftel der Bewerber. Kandidat A: Promovierter Physiker, drei Jahre *Fraunhofer*, ergänzendes MBA-Studium in den USA, derzeit Praktikant bei einem Elektronikhersteller. Kandidat B: Promovierter Chemiker, zusätzlich

BWL-Diplom an der *Fernuniversität Hagen,* Auslandserfahrung, im Moment bei deutschem Chemieunternehmen in einem zeitlich befristeten Projekt eingesetzt. Beides waren intelligente Leute mit ausgezeichneten Zeugnissen. Jedoch: Kandidat A war 35, Kandidat B 33 Jahre alt. Beide hatten außer in Praktika noch nie in der Wirtschaft gearbeitet, kaufmännisches Denken war ihnen fremd, von unternehmerischen Ambitionen konnte ich wenig spüren. Ähnliche Erfahrungen machte ich mehrfach bei der Auswahl von Sekretärinnen. Eine Bewerberin hatte ein Einserexamen in Politologie, eine Eins im Abitur sowie im Ausland studiert. Auf meine Frage, ob Sie denn mit der angebotenen Sekretariatsstelle zufrieden sein werde, antwortete sie, das müsse man sehen, sie habe schließlich noch nie gearbeitet. Sie war 29!

Jeder, der in Deutschland akademisches Personal auswählt, macht ähnliche Erfahrungen. Neu ist das nicht, wie die folgende Aussage belegt: »Kennen wir nicht alle Leute genug, die viele Jahre in den Hörsälen sitzen, ohne dass es im geringsten abfärbt? Unter diesen Hörern wirst du eine große Zahl finden, denen die Bildungsanstalt nur ein Absteigequartier für ihren Müßiggang bedeutet.« Seneca (circa 3 vor bis 65 nach Christus) sagte dies; dem ist nichts hinzuzufügen. Sind unsere Universitäten zum Parkplatz für verkappte Arbeitslose degeneriert?

Mit Absolventen, die bis ins mittlere Lebensalter im Bildungssystem verweilen, können Unternehmen wenig anfangen. Diese Leute sind nur schwer in den normalen Arbeits- und Wirtschaftsablauf zu integrieren. Wie kommt eine derartige Fehlallokation von Talenten zustande? Was macht unser Bildungssystem aus dem ihm anvertrauten menschlichen »Rohmaterial«? Wie ist eine solche Menschenverschwendung möglich?

Andere Profile

Dass es nicht so sein muss, erfahre ich ständig in den USA und in vielen anderen Ländern. Dort sind unsere Bewerber 26 bis 28 Jahre alt, haben ihr Erststudium mit 22 abgeschlossen, dann zwei bis drei Jahre gearbeitet und anschließend in einem zweijährigen Graduiertenstudium einen

MBA-Grad erworben. Der größte Unterschied zu dem oben beschriebenen deutschen Bewerbertyp liegt darin, dass die jungen Absolventen in anderen Ländern darauf brennen, Dinge zu bewegen und unternehmerisch zu agieren. Bei ihnen ist das unternehmerische Feuer durch das Studium angefacht worden. Bei deutschen Wirtschaftsstudenten stellten wir hingegen wiederholt fest, dass der Wunsch, sich selbstständig zu machen, im Laufe des Studiums verkümmert. Doch das muss nicht so sein, es geht auch anders. So sind beispielsweise die Absolventen der privaten *WHU Koblenz* den Amerikanern bezüglich Alter und Einstellung vergleichbar – wenn nicht sogar besser, denn sie besitzen mit Mitte 20 nicht nur den Abschluss als Diplom-Kaufmann, sondern zusätzlich internationale Erfahrung in zwei Ländern und sprechen zwei Fremdsprachen.

Bringen uns solche Beobachtungen auf den Kern des Problems? Ich meine ja! Allerdings kurieren die unzähligen Ratschläge zur Reform unseres Hochschulsystems, seien es die Anpassung des Hochschulrahmengesetzes oder auch die Ideen, die in den zahlreichen »Ruck-Reden« vorgetragen werden, nur an den Symptomen herum. Nennenswerte Wirkungen oder Änderungen erwarte ich nicht. Als ehemaliger Hochschullehrer weiß ich, wovon ich rede. Hier und dort wird ein bisschen herumgedoktert, doch letztlich wird alles beim alten Schlendrian bleiben. Die Menschenverschwendung wird noch lange weitergehen, denn sie steckt im System. Und dieses System heißt: staatliche Hochschulen.

Privatisierung ist die Lösung

Wie kann jemand auf die absurde Idee kommen, dass unsere staatlichen Hochschulen gegen die privaten Universitäten in den USA, England, Frankreich oder Japan konkurrenzfähig seien? Bei Post, Bahn, Telekom, Luftverkehr oder jedem anderen Wirtschaftsbereich würde niemand ernsthaft eine solche These vertreten. Warum sollte die relative Leistungsfähigkeit von privaten und staatlichen Institutionen gerade im Hochschulbereich anders aussehen? Da auch hier das private System weit überlegen ist, können wir uns die vielfältigen Vorschläge zur Reform der Staatsuniversitäten ruhig sparen und stattdessen eine einzige Maßnahme angehen. Diese heißt ganz einfach Privatisierung – nicht mehr und nicht weniger.

Organisatorisch lässt sich die Privatisierung einfach realisieren. Zunächst muss man jedoch drei Probleme sauber trennen: (1) die Privatisierung im Sinne von Autonomie und Eigenverantwortung, (2) die Finanzierung sowie (3) die Chancengleichheit. Diese Fragen werden in der öffentlichen Diskussion und in den Köpfen der Politiker ständig vermischt. Alle drei lassen sich jedoch getrennt lösen, dies ist entscheidend.

Zum Ersten kann man die Hochschulen in autonome Stiftungen umwandeln, und der Staatseinfluss ist weg beziehungsweise beschränkt sich nur noch auf eine Akkreditierungsfunktion. Zum Zweiten sollte man die Finanzierung umstellen. Statt des Geldzuflusses von oben über den ministerialen »Trichter«, finanziert man die Hochschulen nachfrageorientiert, indem man den Studierenden Kaufkraft in Form von Bildungsgutscheinen verbleibt und leistungsbezogene Forschungszuschüsse gewährt. Zum Dritten lässt sich durch differenzierte Förderung der Studenten nach Leistung und Einkommen Chancengleichheit erreichen. Wenn der politische Wille da ist, sollte das alles nicht besonders kompliziert sein. Schließlich funktionierte das auch bei der Telekom, der Post und anderen.

Aufwertung von Bildung

Was wären die Folgen einer solchen Reform? Die Wirkungen lassen sich einfach und mit großer Sicherheit prognostizieren: Innerhalb kürzester Zeit würden die Hochschulen statt politischer Opportunisten ihre fähigsten Wissenschaftsmanager an die Spitze berufen und die Fakultäten Topexperten zu Dekanen wählen. Die Universitätsangehörigen sind schließlich intelligent, sie würden daher schnellstens ihr gesamtes System auf die neuen Erfolgsbedingungen ausrichten. Aber solange das System nicht stimmt, nutzt die Intelligenz des Einzelnen bekanntlich wenig – siehe realer Sozialismus! Die Studiengänge würden im Nu entrümpelt und modernisiert. Probleme wie überlange Studienzeiten oder Gammelei würden sich in nichts auflösen, denn in privatisierten Bildungsinstitutionen sind diese Phänomene unbekannt.

Das heute freie – und damit in den Augen der Studenten »wertlose« – Gut Bildung würde wieder höchst begehrt und geschätzt. Initiativen zur Beschaffung privater Mittel würden entstehen, damit wären die Staatskassen entlastet. Die Wettbewerbsfähigkeit mit den besten Bildungsinstitutionen der Welt brauchte uns forthin keine Sorgen mehr zu machen. Das deutsche Bildungssystem würde in einigen Jahren wieder zur Weltspitze vorstoßen. Deutsche Forscher gewinnen ja nach wie vor Nobelpreise, aber hauptsächlich, wenn sie in den USA arbeiten.

Natürlich würden auch manche Nutznießer des jetzigen Systems enttarnt. Dazu gehören die Bummelstudenten, die heute an den Universitäten herumlungern, die Kapazitäten blockieren und die Kultur vergiften. Zu nennen sind aber auch die vielen Unproduktiven, die es sich in den Hochschulen und der Kultusbürokratie bequem gemacht haben. Wolfgang Schäuble bezeichnete in einer Diskussion diese Kulturszene als eine der innovationsfeindlichsten in unserem Lande. In den Hochschulen und den Bürokratien sind wohl die schärfsten Gegner meines einfachen Vorschlages zu suchen. Wahrscheinlich würden auch einige der heutigen Bildungsinstitutionen in einem freien System ganz verschwinden, weil sie keine Kunden mehr fänden und nicht wettbewerbsfähig wären. Ein derartiger Ausleseprozess täte unserem System außerordentlich gut.

Die Globalisierung erfordert die volle Mobilisierung unseres Wissens- und Bildungspotenzials. Der Kampf um Wissen – und nichts anderes – bildet den Kern des globalen Wettbewerbs. Entlassen wir unsere Hochschulen in die Autonomie! Dann wird endlich Schluss sein mit der unglaublichen und unmoralischen Menschenverschwendung in unserem Lande.

Kapitel 6
Bremser der Innovation

Widerstand gegen Innovation

Eines der großen Probleme in Deutschland besteht darin, Innovationen und notwendige Veränderungen durchzusetzen. Engpässe zeigen sich dabei sowohl in der generellen Durchsetzbarkeit als auch insbesondere in der Schnelligkeit, mit der sich neue Strukturen und Verfahrensweisen etablieren lassen. Es scheint, dass in der Bewältigung des Wandels eine unserer großen Schwächen liegt. Dies gilt in höchstem Maße für den Staat, aber auch die Unternehmen und die Gesellschaft insgesamt zeigen sich als zu schwerfällig.

Wenn man von Innovation spricht, so sollte man dabei keineswegs nur die Technik im Auge behalten. Auch bei der Aufhebung von Ladenschlusszeiten, der Abschaffung leistungshemmender Steuern und der Einführung neuer Prozesse sind Innovationen, denen eine enorme Bedeutung für unsere Wettbewerbsfähigkeit zukommt, ist entscheidend, dass die Innovationen dem Kunden Nutzen stiften. Der Kunde ist im Falle des Staates der Bürger, bei einer Organisation das Mitglied und für ein Unternehmen der Käufer der Produkte. Ich fasse meine Befunde und Empfehlungen nachfolgend zusammen.

Die Macht der Bewahrer

Wo immer man Veränderungen oder Innovationen vorantreiben möchte, muss man auf Widerstand gefasst sein. Dies ist – nicht nur in Deutschland – leider der Normalfall und nicht die Ausnahme. Man kann die Geschichte der Menschheit sogar als eine Geschichte des Widerstands gegen Innovationen interpretieren. Innovationen sind der Aufstand der Veränderer gegen die Bewahrer, der kognitiv »Jungen« gegen die kognitiv »Alten«. Durch die Geschichte zieht sich ein roter Faden von Platon, der die Einführung der Kulturtechnik Schrift ablehnte, bis hin zu führenden Computerspezialisten, die in den siebziger Jahren die Einführung des PC für eine absurde Idee hielten. Genauso sind aktuelle Diskussionen um die Zurückführung des Sozialstaates, die Abschaffung von Relikten wie Ladenschlusszeiten oder Nachtbackverbot nur aus dem Eingefahrensein in alte Gleise zu erklären. Innovatoren und Veränderer, die das Beharrungsvermögen unterschätzen, werden scheitern. Um erfolgreich zu sein, müssen sie die Widerstände verstehen und realistisch interpretieren. Nur dann können sie eine Strategie zu deren Überwindung entwickeln.

Max Planck sagte, dass sich neue Ideen nicht dadurch durchsetzen, dass ihre Gegner überzeugt werden, sondern dadurch, dass sie aussterben. Mit Veränderung ist zwangsläufig der Verlust von Einfluss- und Machtpositionen verbunden. Nicht alle profitieren von einer Innovation und werden insofern dafür sein, sondern die negativ Betroffenen setzen der Innovation erheblichen Widerstand entgegen. Wenn der Innovator nicht über die nötige Macht verfügt, diese Widerstände gegen den Willen der Betroffenen aus dem Weg zu räumen, wird er scheitern. Oft wird dieses Problem dadurch verstärkt, dass die Machtpositionen in den Händen der Älteren und der Bewahrer liegen. Die meist jüngeren Innovatoren haben dann Schwierigkeiten, ihre innovativen Ideen durchzusetzen. Manche Unternehmen versuchen, dieses Problem zu umgehen, indem sie einen Machtpromoter benennen, der die Veränderer unterstützt.

Nach einer Studie von Professor Rolf Berth sind in Deutschland 16 Prozent der Manager »Visionäre und Entdecker, die voller Ideen sind und fast schon triebhaft nach Neuem suchen«. Die restlichen 84 Prozent bezeichnet er hingegen als Bewahrungsmanager, »die alle eines gemeinsam haben: Sie hassen nichts mehr als die Veränderung.« Man kann also grob sagen, dass jedem entschlossenen Veränderer fünf verbissene Bewahrer gegenüber stehen. Die Ideen des Veränderers müssen folglich qualitativ, bezüglich der Intelligenz und in der Argumentation den Konzepten der Bewahrer deutlich überlegen sein, um sich durchsetzen zu können. Hinzu kommen muss, wie schon angesprochen, die Macht, der besseren Idee auch zur Geltung und Akzeptanz zu verhelfen.

Der »Terror des *Status quo*«

Viele Menschen können sich nur schwer vorstellen, dass man Dinge auch anders organisieren und erledigen kann, als man es bisher getan hat. Sie sind in der Vergangenheit gefangen. Ein schönes Beispiel liefert der Hochsprung-Weltrekord. Er veränderte sich in den sechziger Jahren über zehn Jahre kaum, und man hielt die maximale Höhe für erreicht. Erst als Fosbury seine neue Technik einführte, begann eine neue Ära. Seitdem ist der Weltrekord in vielen kleinen Einzelschritten um circa 20 Zentimeter gestiegen. Auf der Basis der alten Technik, die man damals für den letzten Schrei hielt, wäre diese Steigerung niemals möglich gewesen.

Wir können zwar aus der Vergangenheit lernen, ändern können wir sie jedoch nicht mehr. Die Gegenwart können wir bewältigen, zum größten Teil ist sie aber durch vergangene Entscheidungen bestimmt. Gestalten können wir jedoch nur die Zukunft. Wir müssen verstärkt lernen, dass die Zukunft zunächst in unserer Vorstellung besteht und dann in der Willenskraft, diese Vorstellung zu realisieren, aus der schließlich die Realität entsteht. Der Glaube an die Unabdingbarkeit des *Status quo* ist eine ungeheure Innovationsbarriere. Der Ausdruck vom »Terror des *Status quo*« trifft die Realität. Deshalb erleben wir stets auch eine Welle von Innovationen, wenn ein plötzlicher Zusammenbruch des Alltags mit einem Bruch der Vergangenheit einhergeht (wie etwa nach dem Zweiten Weltkrieg oder in den ehemaligen Staaten des Warschauer Pakts nach dem Fall von Mauer und Eisernem Vorhang). Wir müssen stärker unsere

Visionen leben und an sie glauben und die Gegenwart stärker von der Zukunft her sehen, dann werden wir in der Lage sein, fundamentalere Veränderungen als bisher zu realisieren.

Gefragt sind Querdenker und Kleingruppen

Innovatoren waren stets Außenseiter. Oft wurden sie sogar mit Strafen belegt (wie zum Beispiel Galilei). Wirklich innovative Ideen kommen vor allem von Querdenkern und Menschen, die nicht angepasst sind. Echte Innovationen werden auch nicht sofort akzeptiert, sondern die Menschen müssen sich erst an sie gewöhnen; Innovation ist nichts anderes als der Sieg der Kreativität über lieb gewonnene Gewohnheiten. Man muss deshalb als Innovator mit der Außenseiterrolle, ja mit Animosität und Feindschaft leben können. Innovatoren sind oft einsam. George Bernhard Shaw sagte: »Der vernünftige Mensch passt sich an sein Umfeld an. Der unvernünftige Mensch passt hingegen sein Umfeld an sich an. Aller Fortschritt kommt von den unvernünftigen Menschen«.

Eine Gruppe, auch wenn sie klein ist, kann zum entscheidenden Innovationshebel werden. Man sollte die Macht einer kleinen Gruppe von entschlossenen Menschen nie unterschätzen. Denn kleine Gruppen verändern die Welt. Das galt genauso für die Anhänger von Jesus Christus wie für diejenigen von Lenin, die jeweils eine kleine Schar von Auserwählten als Jünger gewannen. Auch in Großunternehmen beobachten wir, dass ein innovatives Klima stets mit dem Vorhandensein kleiner, unabhängiger Gruppen von Machern verbunden ist, die das formale System umgehen oder sogar sabotieren. Die Führung solcher Gruppen ist allerdings außerordentlich schwer, da man die »rabiaten Typen« gleichzeitig loslassen und im Zaum halten muss. Die Auswahl der Gruppenmitglieder ist deshalb entscheidend. So sagte der frühere *IBM*-Chef Thomas Watson: »Ich habe nie gezögert, jemanden zu befördern, den ich nicht mochte. Im Gegenteil, ich habe immer Ausschau gehalten nach den widerspenstigen, kratzbürstigen, fast unausstehlichen Typen, die einem die Dinge sagen, wie sie wirklich sind. Wenn man genügend viele davon hat und die Geduld aufbringt, sie zu ertragen, dann gibt es für ein Unternehmen kaum noch Grenzen.« Vielleicht ist *IBM* in den achtziger Jahren deshalb in Schwierigkeiten geraten, weil die Mitarbeiter zu sehr angepasst waren und die von Watson beschriebenen Tugenden der frühen Erfolgsjahre ins Abseits gerieten.

Der Unterschied zwischen den Erfolgreichen und den Nicht-Erfolgreichen liegt weniger in der Intelligenz als in der Ausdauer, mit der sie ihre Ziele verfolgen. Schon Michelangelo sagte: »Genius ist ewige Geduld«. Nur wer eine klare Vision hat, wer niemals aufgibt, niemals entmutigt wird, kann wirkliche Veränderung und Innovation bewirken. Schließlich gilt ein berühmtes Wort von Goethe auch für Innovation und Veränderung: »Es ist nicht genug zu wissen, man muss auch anwenden, es ist nicht genug zu wollen, man muss auch tun.«

Steine der Weisen

Jedes Unternehmen ist ständig auf der Suche nach Produktivitätsreserven und innovativen Ideen. Bei dieser Suche dominieren Aspekte wie Reduktion der Mitarbeiterzahl, der Einkaufspreise, des Materialeinsatzes und Prozessverbesserungen. Die Hauptakteure im Rationalisierungsdrama sind Manager, Organisatoren, Controller, Strategieplaner sowie externe Berater.

Die betroffenen Mitarbeiter bleiben oft außen vor, graben sich ein und verbarrikadieren sich. Sie sehen sich selbst als »Opfer« der Rationalisierungspläne und werden auch von oben so gesehen. Das ist schade, denn gerade in den Köpfen der Mitarbeiter schlummert die größte ungenutzte Produktivitätsreserve, eine Goldmine, in der Hunderte, ja Tausende von Ideen und Einsparchancen versteckt liegen. John Naisbitt hat schon vor Jahren nachdrücklich auf dieses Potenzial hingewiesen: »In der Informationsgesellschaft sind die Schlüsselfaktoren des Erfolgs Information, Wissen, Kreativität. Es gibt nur eine Stelle, wo man diese Ressourcen findet, in den Mitarbeitern.«

Verbesserungsvorschläge der Mitarbeiter

Zunächst unterstelle ich, dass die deutschen Arbeitnehmer nicht prinzipiell dümmer, weniger kreativ oder schlechter ausgebildet sind als ihre Kollegen in anderen Ländern. Ob diese Annahme auch in Zukunft gelten wird, hinterfrage ich angesichts der Entwicklung unseres Bildungssystems aber – siehe PISA. Noch bezeichnender ist jedoch, dass es zwischen einzelnen Branchen enorme Unterschiede in der Nutzung der Kreativitätspotenziale der Mitarbeiter gibt. Abbildung 2 zeigt die Zahl der Verbesserungsvorschläge je 100 Mitarbeiter im Jahr 2002 nach Branchen.

Nicht nur die enormen Unterschiede zwischen verschiedenen Industriezweigen fallen ins Auge, sondern insbesondere auch das schlechte

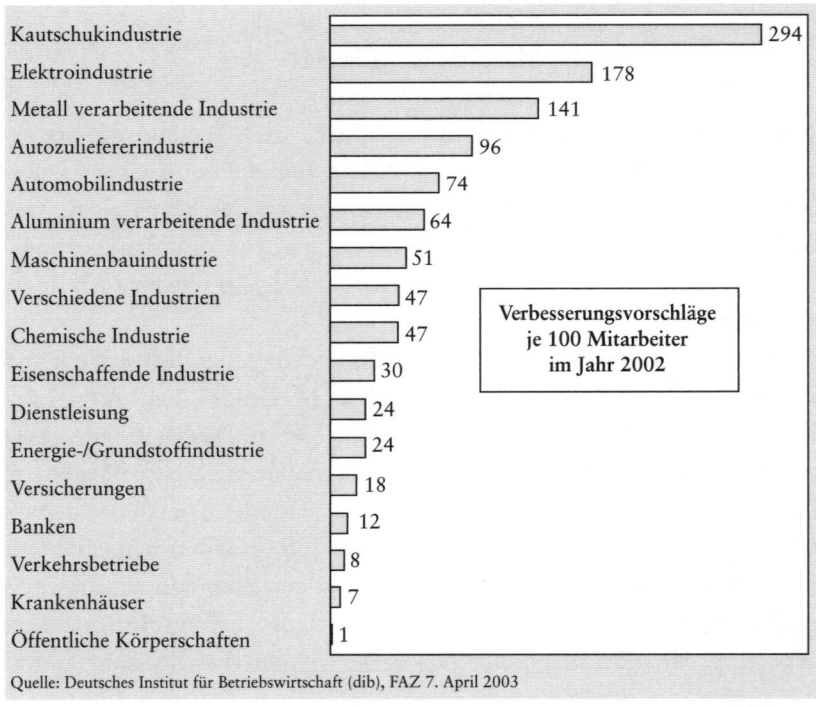

Quelle: Deutsches Institut für Betriebswirtschaft (dib), FAZ 7. April 2003

Abbildung 2: Verbesserungsvorschläge je 100 Mitarbeiter

Abschneiden des öffentlichen Bereichs. Die Branchen, in denen die öffentliche Hand eine dominierende Rolle spielt, liegen abgeschlagen am Ende der Tabelle.

Kaizen

Die Japaner nennen die Mobilisierung der Mitarbeiterkreativität *Kaizen*. *Kaizen* erwartet von jedem Mitarbeiter, dass er zu jeder Zeit zu jedem Problem mitdenkt und Verbesserungsvorschläge einbringt. Dahinter steht die Grundüberzeugung, dass man jeden Prozess und jedes Produkt immer noch verbessern kann. Nichts und niemand ist perfekt. Bei Verbesserungen gibt es kein Ende.

Dahinter steht auch der Glaube an die Innovation der kleinen Schritte. Vorschläge von Mitarbeitern bringen selten den großen Durchbruch, die so genannte Jahrhundert-Idee. Aber auch viele »kleinere« Ideen bringen voran. Außerdem: Aus einem kleinen Gebüsch springt oft ein großer Hase, sagt ein alter Waidmannsspruch. Man mag den Stein der Weisen so nicht finden (ihn gibt es ohnehin nicht), aber man findet viele kleine Steinchen der Weisen. Aus solchen Grundüberzeugungen erwächst eine positive Einstellung zu Veränderungen, und seien sie noch so klein.

Vorgesetzte als Bremser

Eine Barriere gegen Verbesserungsvorschläge von Mitarbeitern sind oft deren Vorgesetzte, da sie die Ideen als implizite Kritik an der bisher von ihnen geübten Praxis interpretieren. Die Furcht vor der Frage, wieso sie nicht selbst auf diese Idee kamen, ist gerade bei Mittelmanagern weit verbreitet. Innovation und Veränderung sind nun mal, um mit Schumpeter zu sprechen, »kreative Zerstörung«, und von dieser fühlen sich die Stelleninhaber stets bedroht.

Ich sehe daher in den Vorgesetzten – gerade auf den mittleren Ebenen, vom Meister angefangen – die erste Barriere gegen die volle Ausschöpfung der Mitarbeiterkreativität. Charles Handy beschreibt in seinem Buch *The Age of Unreason* eine Episode, wie sie in jedem deutschen Unternehmen passiert sein könnte. Er begann als junger Mitarbeiter in einem großen Unternehmen und sagt: »I came across some gross inefficiencies. I worked out some better options, sent them to the operations manager, and waited – for his thanks. He sent for me. ›How long have you been out here?‹, he asked. ›Six months,‹ I replied. ›And how long has this company been successfully doing business here?‹ ›About fifty years, I suppose.‹ ›Quite so, fifty-four in fact; and do you suppose that in six months you know better than the rest of us and our predecessors in fifty-four years?‹ I asked no more questions for the next three years, had no more ideas, made no more proposals.«

Ein junger Praktikant berichtete mir von seinen Erfahrungen in einem großen Konsumgüterunternehmen. »Bloß keine neuen Ideen vorbringen«, diese Lehre nehme er mit nach Hause. Russ Ackoff ergänzt: »I have found that most people in positions of authority doubt that any of their subordinates can do their jobs as well as they do. Underestimation of the ability of subordinates is magnified when the subordinates lack the formal education their superiors have.«

Neue Mitarbeiter sind nicht betriebsblind

Dabei können gerade junge und neue Mitarbeiter sprudelnde Ideenquellen sein, denn nur sie betrachten die Dinge mit ungewohntem Blick, erkennen Verbesserungschancen und sind nicht betriebsblind. Diese Fähigkeiten gehen jedoch schnell verloren und bald nehmen auch die jungen, wie die alten, alles als gegeben und unveränderlich hin. Dies ist jedoch nicht der einzige Schaden. Einer amerikanischen Studie zufolge zeigen Mitarbeiter, deren Ideen in frühen Berufsjahren abgeschmettert werden, auch später wenig Neigung, mitzudenken und zu lernen.

Nutzen Sie also gerade die neuen und jungen Mitarbeiter, um neue Ideen zu provozieren. Sie erhalten auf diese Weise kurzfristig Produktivitätssteigerungen und langfristig kreative Mitdenker. Denn Mitdenker statt »Nur-Mitarbeiter«, das ist es, was wir brauchen. Konosuke Matsushita sagte dazu: »Der Wettbewerb ist heute so komplex und schwierig, das Überleben einer Firma ständig gefährdet, das Umfeld so unvorhersehbar und risikobehaftet, dass dauerhafter Erfolg die allzeitige Mobilisierung der ganzen Intelligenz jedes einzelnen Mitarbeiters im Unternehmen erfordert.« Kürzlich fragte ich in einer deutschen Fabrik, die von einem japanischen Unternehmen übernommen wurde, einen Arbeiter, was der größte Unterschied gegenüber früher sei. Er antwortete ohne zu zögern: »Die japanischen Chefs hören auf uns und wissen nicht alles besser.«

»Warum«, so könnte man fragen, »sollen denn Untergebene mehr und bessere Ideen haben als ihre Vorgesetzten?« Hierfür gibt es einen ganz einfachen Grund: Weil sie mit ihrer Arbeit besser vertraut sind, alle Details kennen und unter schlechten Prozessabläufen leiden. Vor einigen Jahren setzte ich einen Qualitätszirkel von Sekretärinnen ein. Dort wurden Dutzende von Ideen entwickelt, auf die ich als Chef nicht im entferntesten gekommen wäre, weil ich den Alltagsjob und die Probleme der Sekretärinnen einfach nicht gut genug kenne.

Motivierte Mitdenker

Die zweite Barriere liegt oft in den Mitarbeitern selbst. So höre ich häufig, dass man Ideen zur Verbesserung habe, diese aber nicht vorbringe. »Das ist nicht mein Job« und ähnlich lauten die Erklärungen. Offensichtlich steckt hinter solchen Haltungen ein tiefsitzendes Identifikations- und Motivationsdefizit. Nur Mitarbeiter, die sich mit dem Unternehmen identifizieren, setzen ihren Verstand voll ein. Die Freilegung des Kreativitätspotenzials erfordert unabdingbar den Produktionsumweg über die Motivation.

Das hat noch einen zweiten weitreichenden Effekt: Mitdenker auf den unteren Ebenen sparen Overhead-Kosten. Je mehr die Ausführenden mitdenken, desto weniger brauchen sie von oben kontrolliert und angeleitet zu werden. Benutzen Sie die Gehirne Ihrer Linienleute, um überflüssige Hierarchieebenen wegzurationalisieren.

Last, but not least muss Mitarbeiterkreativität organisiert werden. Ob das betriebliche Vorschlagswesen der deutschen Art mit Einbeziehung des Betriebsrats, Formularen und festgelegten Prozessen Kreativität wirklich fördert? Wenn man den freien Fluss und die schnelle Realisierung von Ideen verhindern wollte, dann müsste man sie genau in ein solches System einbinden. Umgekehrt haben viele Firmen mit vereinfachten Systemen, bei denen eine Standardprämie sofort ausgezahlt wird, gute Erfahrungen gemacht. Erfolgversprechend ist auch die Aktivierung von Gruppen in Form von Qualitätszirkeln und Workshops. Denn die Kreativität des Einzelnen multipliziert sich in der Zusammenarbeit mit anderen, die in ihrer Arbeit mit den gleichen Problemen konfrontiert sind.

Wir alle sind stets auf der Suche nach dem Stein der Weisen. Suchen Sie ihn nicht vergeblich in den Guru-Schlagwörtern des Tages oder den aktuellen Patentrezepten. Die Steine der Weisen liegen in ihren Mitarbeitern.

Overkill

Das Problem ist seit langem bekannt: Viele deutsche Produkte sind »zu gut« und damit zu teuer. Das heißt: Die Stärke der deutschen Unternehmen kann, wenn sie überzogen wird, zum Schwächefaktor werden. Im Bestreben, technologisch Spitze zu sein, schoss manches deutsche Unternehmen, so paradox dies erscheinen mag, über das Ziel hinaus. Diese Behauptung läuft zwar unserem High-Tech-Zeitgeist zuwider, doch Signale und empirische Evidenz zeigen sich für mich vielfältig und unabhängig voneinander.

Technische Komplexität

Wir stellen in (oft weltweit angelegten) Marktuntersuchungen wiederholt und teilweise verstärkt fest, dass die Kunden deutsche Maschinen und Produkte für technologisch überzüchtet halten. Statt »eierlegender Wollmilchsau-Maschinen« würden sie »Standard-« oder »Basismaschinen« bevorzugen. Parallel dazu diagnostizieren wir eine starke Präferenz für asiatische, norditalienische, neuerdings auch nordspanische Anbieter, die einfachere Maschinen zu deutlich günstigeren Preisen offerieren. Diese Tendenz schlägt noch nicht voll auf die Marktanteile durch (unter anderem, weil viele der neuen Konkurrenten derzeit keinen flächendeckenden Service bieten), doch die Präferenz von heute ist der Marktanteil von morgen.

Manche Unternehmen verzichten darauf, bestimmte Märkte mit niedrigen Ansprüchen zu bearbeiten, da sie kein Angebot für solche Märkte haben. Beispiele wären die Möbel- sowie die Textilindustrie in China und anderen asiatischen Ländern. Die Gefahr, die aus dieser Abstinenz erwächst, ist offensichtlich. Man überlässt einfach der billigeren Konkurrenz diese Märkte, und mit Sicherheit werden diese eines Tages die heutigen Premiumsegmente von unten angreifen.

Zeitraubende Anlaufprozesse lassen vermuten, dass die technische Komplexität der Kontrolle teilweise entglitten ist. Die Inbetriebnahme eines bei einem Baumaschinenhersteller installierten Bearbeitungszentrums zog sich über mehr als ein Jahr hin. Kaum besser lief es bei einer Textilmaschine, die nach der Installation technisch wieder abgespeckt werden musste. Offensichtlich sind viele der neuen Produkte zu komplex und unausgereift. Softwareprobleme werden regelmäßig unterschätzt. Gestern noch profitabel erscheinende Projekte rutschen im Laufe des Installationsprozesses in tiefrote Zahlen und die Reputation des Lieferanten erleidet Schaden.

Aus dem technologischen Overkill ergibt sich zum einen die Konsequenz einer hohen Störanfälligkeit, das heißt eine geringe Zuverlässigkeit, verbunden mit einer Überforderung des Bedienungspersonals vor allem in Ländern mit schlechtem Ausbildungsstand. Selbst Service und Schulung können solche Defekte nur partiell ausgleichen. So beurteilten im Falle eines Dieselmotorenherstellers die Kunden zwar die Schulung als hervorragend, sagten aber gleichzeitig, viel lieber sei ihnen, wenn die Aggregate (insbesondere die Elektronik) weniger kompliziert und damit aufwändige Schulungen überflüssig seien. Denn ihre nicht übermäßig qualifizierten Mitarbeiter kämen zwar gut geschult aus Deutschland zurück, nach einem Jahr hätten sie aber das meiste wieder vergessen und würden nur noch die Routineprobleme beherrschen. In ähnlicher Weise berichtete ein Hersteller hochwertiger Haushaltsgeräte, sein Hauptproblem in den USA sei, dass er keine qualifizierten Mechaniker für die Wartung fände. Es gäbe dort keine dem deutschen Facharbeiter vergleichbare Servicetechniker.

Mangelnde Kostenflexibilität

Eine zweite Folge des technischen Overkills sind überhöhte Kosten und Preise – vor allem in Relation zum Kundennutzen. Die Kombination von technologischem Overkill und »Overcosts« oder »Overprices« ist das Pflaster des Weges in die Krise. So verabschiedet man sich aus der Wettbewerbsfähigkeit! Ein weiterer Aspekt betrifft die mangelnde Kostenflexibilität. Wenn – wie in einem Maschinenbauunternehmen – bei 98 Prozent Kapazitätsauslastung nur 3 Prozent Umsatzrendite erwirtschaftet werden, dann stimmt etwas nicht. Was dann bei einem Umsatzeinbruch von 20 oder 30 Prozent passiert, kann man sich leicht ausmalen. Das Damoklesschwert zu hoher Break-Even-Punkte schwebt über vielen deutschen Firmen.

Kostenflexibilität betrifft die gesamte Leistungserstellung mit der »Make or Buy«-Entscheidung als Schlüsselaspekt. Bei vielen deutschen Firmen grassiert nach wie vor die »Mach alles selbst«-Mentalität, die viele Serienhersteller, zum Beispiel die Automobilindustrie, längst überwunden haben. Beim *Cayenne* liegt der Wertschöpfungsanteil von *Porsche* bei nur noch 12 Prozent, allerdings beinhaltet auch eine solche Extremposition ihre Risiken. Die Kostenstruktur aller Leistungen (auch Konstruktion, Verwaltung, Vertrieb) muss radikal »defixiert« werden. Kurzfristig teurer schließt dabei langfristig billiger nicht aus. Viele Unternehmen wären gut beraten, den Break-Even-Punkt auf 50 bis 70 Prozent der Vollauslastung herunterzudrücken. Beispiele zeigen, dass solche Werte erreichbar sind.

Ein anderes Übel liegt in der Einzelfertigungsmanie, der Vernachlässigung von Serienpotenzialen und Economies-of-Scale. Zu viele Räder werden immer wieder neu erfunden beziehungsweise einzeln konstruiert mit der Folge einer Explosion der Komplexitätskosten bis hin zur langfristigen Ersatzteilproliferation. Kunden schätzen Sonderanfertigungen zwar grundsätzlich, sind aber immer weniger bereit, die höheren Kosten dafür zu tragen. Außerdem fühlen sich zunehmend mehr durch Standardprodukte gut bedient, schließlich leiten sich der Wert einer Sonderleistung und die Preisbereitschaft stets aus dem Kundennutzen und nicht aus technischer Ingeniutät ab!

Overkill und Overcosts vermeiden

Die nachfolgenden Empfehlungen – nicht nur für Maschinenbauer – ergeben sich aus diesen Befunden:

- Hüten Sie sich vor einer Unterschätzung des technischen Overkills. Falls Sie bereits in die Falle getappt sind, reißen Sie das Steuer herum und specken Sie ab – und zwar schnell. Prüfen Sie, ob Sie nicht besser ein Basisprodukt, das diesen Namen verdient, in Ihr Programm aufnehmen sollten. Zuverlässigkeit beginnt bei der Konstruktion!
- Hämmern Sie Ihren Entwicklern ein, dass Kundennutzen und Preis wichtiger sind als High-Tech *per se*. Kundennähe und Wirtschaftlichkeit müssen höchste Priorität erhalten. Das setzt voraus, dass Sie den Kundennutzen von Innovationen und innovatorischen Produktkomponenten stets quantifizieren – und zwar vor der Entwicklung, denn danach ist es zu spät. Für derartige Messungen gibt es heute ausgereifte Methoden (wie zum Beispiel Conjoint-Measurement). Es darf nie um das technische Maximum gehen, sondern es kommt auf die Abgleichung von Kundennutzen und Kosten an. Was mehr kostet, als der Kunde zu zahlen bereit ist, muss aus dem Programm heraus.
- Beachten Sie aber auch, dass die Kunden und ihre Anforderungen in

aller Regel verschieden sind. Es gibt Kunden, die wollen nur ein Basis-produkt, während andere Kunden höhere Ansprüche haben und dafür zahlen. In solchen Fällen müssen Sie ein Programm bereit halten, das diesen unterschiedlichen Anforderungen gerecht wird. Passen Sie vor allem auf, dass Sie nicht von Billiganbietern mit zunehmend besseren Produkten von unten angegriffen und verdrängt werden.

- Bringen Sie nur Produkte auf den Markt, die ausgereift sind und die Sie selbst beherrschen. Lassen Sie sich nicht von einem manischen Zeitwettbewerb zu übereilter Markteinführung verleiten. Übereilung kann sehr teuer werden.
- Drücken Sie Ihre Fixkosten radikal und mit allen Mitteln herunter. Hüten Sie sich vor zu schneller Expansion und damit verbundenem Aufbau von Fixkosten. Überprüfen Sie den gesamten Leistungsprozess auf Chancen der Kostenvariabilisierung.
- Nutzen Sie, wo immer möglich, die Vorteile der Serienproduktion. Selbst Kleinserien bringen im Vergleich zur Einzelfertigung gewaltige Kostenersparnisse.

Sagen sie dem Overkill und den Overcosts den Kampf an! Ich bin überzeugt, dass die deutschen Unternehmen viele Kunden nach wie vor besser bedienen können als Konkurrenten aus anderen Ländern. Doch Können genügt nicht: Machen muss die Devise heißen.

E-Frontation

Nennen wir es nicht Kon-Frontation, sondern E-Frontation. Ich meine den Zusammenstoß von E-Business und Realität. Inzwischen sind wir zuvor alle ein bisschen schlauer, dennoch kursieren auch weiterhin noch falsche Vorstellungen über das Internet – teilweise Defätismus, teilweise Illusionen und zum Teil barer Unsinn. Damit will ich aufräumen. Ich verlasse mich hierbei auf meinen gesunden Menschenverstand beziehungsweise was ich dafür halte.

Das Problem fängt damit an, dass fast alle Zahlen zum E-Business irreführend, angeberisch, unsinnig oder falsch sind. So wird behauptet, B2B (Business-to-Business) sei im Internet weitaus bedeutsamer als B2C (Business-to-Consumer). Doch B2B ist nicht nur im Internet, sondern überall in der Wirtschaft um den Faktor fünf bis zehn größer als B2C. Für jedes Auto, das ein Verbraucher kauft, gab es ein mehrfach höheres Transaktionsvolumen an Rohstoffen, Teilen und Maschinen. Nichts daran ist internetspezifisch.

Die Kausalität wird beliebig vermischt. Ein Automobilhersteller berichtet von Einsparungen beim Materialeinkauf per Internet von 15 Prozent. Geht man der Sache auf den Grund, dann stellt man fest, dass von den 15 Prozent allenfalls 1 bis 2 Prozent kausal dem Internet zuzurechnen sind, der Rest ist Reorganisation, Bündelung von Nachfrage und schiere Macht. Jack Welch von *General Electric* verkündete noch 2001, innerhalb von zwei Jahren 10 Milliarden Dollar durch das Internet sparen zu wollen. Ein Journalist geht der Sache nach und kommt zu dem Fazit, dass die Ergebnisse von *GE* äußerst wenig hergeben, um diese Zahl zu untermauern.

Die meisten Prognosen sind aus der Luft gegriffen. So wird die Zahl der mobilen Internetnutzer 2005 von einer Firma auf 17 Millionen, von einer anderen auf 40 Millionen und von einer dritten auf 161 Millionen geschätzt. Was soll das? Das ist reine Raterei.

Wenn Sie Fehlentscheidungen und -investitionen im Hinblick auf E-Business vermeiden wollen, dann hören Sie auf, an Zahlen zu glauben. Versuchen Sie stattdessen zu verstehen, was wirklich vorgeht. E-Business muss ganz von vorne anfangen.

Was ist einzigartig mit dem Internet? Es sind zwei Dinge: (1) die Fähigkeit, digitale Produkte zu Kosten von praktisch null an eine große Zahl von Empfängern zu verteilen, und (2) die Fähigkeit, große Zahlen von Nutzern miteinander zu vernetzen. Den Rest können Sie vergessen. Demnach hängt die Wirkung des Internet von folgenden Faktoren ab:

- der Digitalisierbarkeit der Produkte und Prozesse,
- der Zahl der Empfänger,

- der Zahl und Größe der Transaktionen,
- der Bedeutung von Vernetzung.

Digitalisierbarkeit von Produkten oder Prozessen

Die meisten Produkte und viele Dienstleistungen sind überhaupt nicht oder nur zu einem geringen Teil der Wertschöpfung digitalisierbar. Tourismus, als Beispiel, ist vor allem Hardware und »hardwork« – Flugzeuge, Züge, Autos, Hotels, Essen, Personal. Nur ein geringer Teil der Wertschöpfung im Tourismus lässt sich digitalisieren, im Wesentlichen sind dies Information, Werbung, Vertrieb und Reisebüroleistung. Kaum anders ist es in der Rechtsberatung oder im Consulting, obwohl es dort um reine Information geht. Doch nur ein geringer Teil der Beratungsleistung ist digitalisierbar. Also wird das Internet in solchen Branchen keine große Rolle spielen.

Im B2B hat man oft niedrige Kundenzahlen, etwa bei einem Autozulieferer. Dann bringt das Internet im Vergleich zur traditionellen Computervernetzung kaum Vorteile. Die Beschaffung wichtiger Produkte verlangt zudem eine immer engere Integration von Zulieferern und Kunden. Also kommen Auktionen nicht in Frage. Bei näherer Betrachtung stellt man zudem fest, dass es kaum Commodities gibt. Eine Zementauktion scheiterte, weil die Lieferbedingungen von Baustelle zu Baustelle äußerst verschieden waren. Da passt das Auktionsmodell nicht.

Das Verständnis der zugrunde liegenden Wertschöpfungskette hilft uns, die Wirkung des Internets realistisch abzuschätzen. Was bringt es, wenn ich bei der Bestellung ein paar Cent einspare, mir aber untragbare Logistikkosten auflade? Vor allem das E-Business physischer Produkte scheitert vielfach an den Logistikkosten. Es ist eben billiger, 10 000 Artikel in einen Lkw zu laden und zu einem Punkt, einem traditionellen »Geschäft«, zu fahren, als 10 000 Lieferwagen zu 10 000 Haushalten zu schicken. Der wirkliche Vorteil des E-Business kommt nur dann zur Geltung, wenn Produkte und Prozesse voll digitalisierbar sind und an eine große Zahl von Empfängern gehen.

Vernetzung vieler Nutzer

Große Chancen liegen in Netzwerken. Das Erfolgsbeispiel ist hier *eBay*. Wenn *eBay* eine Million Verkäufer und eine Million Käufer zusammenbringt, ergeben sich 10^{12} mögliche Kontakte. Führt von diesen nur jeder Tausendste zu einer Transaktion, kommen eine Milliarde Verkäufe zustande! 2001 wurden über *eBay* circa 423 Millionen Angebote erstellt und ein Transaktionsvolumen von über 9,4 Milliarden Euro generiert. *eBay* ist eine der wenigen E-Business-Firmen, die Gewinn machen.

Doch auch im B2B gibt es große Netzwerkpotenziale. So versucht die deutsche Firma *Twingear*, Hersteller, Händler und Verwender von Kugellagern zu vernetzen. Wenn ein Kugellager fehlt, steht schließlich eine teure Maschine still. Aufgrund der ungeheuren Variantenvielfalt sind bestimmte Artikel oft nicht lieferbar. Mit hoher Wahrscheinlichkeit liegt der Artikel jedoch irgendwo im System, aber niemand weiß wo. Nur das Internet macht es möglich, jeden Artikel zu finden und schnellstens auszuliefern.

Die Potenziale für Vernetzungen großer Zahlen von Nutzern scheinen unbegrenzt, Kommunikation zwischen Kunden, zwischen Mitarbeitern, Märkte für gebrauchte Produkte, der Arbeitsmarkt, der Immobilienmarkt, der Heiratsmarkt, Wissensmanagement, Kurzmitteilungen (so genannte SMS). Im Jahr 2001 sind weltweit rund 200 Milliarden SMS versandt worden, bei einer durchschnittlichen Gebühr von 0,13 Euro erzeugen sie ein Umsatzvolumen von 26 Milliarden Euro. Und das ist nur der Anfang!

Diese einfachen Einsichten führen zu überraschenden Schlussfolgerungen. Entgegen der herrschenden Auffassung wird das Internet seine wirklich große Bedeutung nicht im B2B-, sondern im B2C-Bereich erlangen, und dies besonders bei Vorliegen vieler kleiner Transaktionen mit hohem Digitalanteil in der Wertschöpfung. Für klassische industrielle Lieferbeziehungen wird seine Bedeutung beschränkt bleiben. Beschaffung und Einkauf werden nicht die Schwerpunkte von E-Business, und Auktionen werden eine untergeordnete Rolle spielen. Genau genommen ist die Unterscheidung zwischen B2B und B2C irreführend. Es kommt auf die Zahl der Kunden und die Struktur der Transaktionen an. Die B2B-Firma *Würth*, Weltmarktführer bei Montageprodukten, hat 1,5 Millionen Kunden und viele kleine Transaktionen. Ihr Geschäft ist klassischem B2C weitaus ähnlicher als das Geschäft eines Autozulieferers, der weltweit nur eine Hand voll Kunden beliefert und jeweils riesige Transaktionsvolumina abwickelt.

Gewinne mit Content?

Die radikalen Umbrüche finden bei Produkten statt, die heute physisch produziert und verteilt werden, deren Produktion und Verteilung jedoch digitalisierbar sind. Das sind Zeitungen, Musik, Filme, Software, Bankleistungen und Ähnliches. Die Frage, ob die Inhalte, die in diesen Produkten stecken, über das Internet profitabel vertrieben werden können, wird in den nächsten Jahren zur Existenzfrage für die betroffenen Unternehmen werden. *Napster* war hier nur ein Vorspiel. Viel gefährlicher sind dezentrale, nicht zu greifende Systeme. Sie müssen sich auch nicht auf Musik beschränken, sondern betreffen jeden digitalen Inhalt. Eine zentrale Rolle werden dabei Umsatz- und Preismodelle spielen. Ob es gelingen wird, im Internet Content gewinnbringend an den Kunden zu bringen, ist eine der großen Fragen der Zukunft.

Warum sind diese Veränderungen noch nicht eingetreten? Es gibt drei Gründe: (1) Es fehlen Produkte, (2) es fehlen Prozesse und (3) die Verhaltensänderung braucht Zeit. Um etwa die heutige Zeitungsproduktion und -distribution zu ersetzen, brauchen wir ein Verfahren, das uns jeden Morgen die gewohnte Zeitung liefert. Mit elektronischem Papier, das morgens zu Hause drahtlos aufgeladen wird, wäre das technisch in wenigen Jahren möglich.

Bezüglich der Prozesse brauchen wir so genannte Micropayments, elektronische Unterschriften, bessere Sicherheit und neue rechtliche Regelungen (etwa in der Medizin). Am längsten dauert die Anpassung des Verbraucherverhalten. Zwischen Jungen und Alten beobachten wir große Unterschiede. Wir werden deshalb die volle Wirkung des Internets erst in 20 bis 30 Jahren sehen, ähnlich wie beim Fernsehen. Hiermit relativiert sich dann auch der hochgepriesene First-Mover-Advantage. Er ist eine Chimäre. Es ist schließlich wichtiger, das Richtige zu tun, als der Erste zu sein.

In der E-Frontation gewinnt die Realität. Sie brauchen deshalb eine Realitätsstrategie und keine E-Strategie. Das Internet ist ein Werkzeug, nicht mehr, aber auch nicht weniger.

Kapitel 7
Wettbewerbsstrategie statt Managementmoden

Leerer Kern

Die Entstehung neuer Branchen und Geschäfte wird regelmäßig von euphorischen Erwartungen begleitet: Die Erteilung von Mobilfunk- und UMTS-Lizenzen wurde seinerzeit überschwänglich »als Genehmigung zum Gelddrucken« gefeiert. Das Internet ließ Bäume in den Himmel wachsen. Die Biotechnologie wurde als die Wachstumsbranche des 21. Jahrhunderts proklamiert. Einige Jahre später sieht die Welt meistens sehr viel nüchterner aus. Zwischen den Mobilfunkanbietern tobt ein knallharter Wettbewerb um jeden einzelnen Kunden. Träume im Internetgeschäft, bei neuen Medien und in Wissensbranchen sind zerstoben.

Viele »Märkte der Zukunft« zeichnen sich durch unschöne Besonderheiten aus, für die es kaum historische Parallelen und nur ansatzweise theoretische Erklärungen gibt. Solche Märkte können für die beteiligten Unternehmen böse Überraschungen bereithalten. Die Telekommunikation gehört hierzu genauso wie die Elektrizitätswirtschaft, Teile des Fernsehmarkts, Multimedia, Tourismus, die Hotellerie oder Finanzdienstleistungen. Der Luftverkehrsmarkt, die Autovermietung, die Konsumelektronik oder das Kreditkartengeschäft sind in dieser Entwicklung bereits weit fortgeschritten und können uns einiges lehren.

Was ist ein Markt mit einem »leeren Kern«?

Das typische Problem besteht nicht darin, dass sich die anfänglichen Wachstumserwartungen hinsichtlich der Nachfrage als falsch erweisen. Natürlich kommt auch das vor beziehungsweise es gibt Zyklen. Weitaus gravierender sind die regelmäßigen Fehleinschätzungen im Hinblick auf den Wettbewerb und seine Intensität. Die amerikanische Luftfahrtindustrie liefert makabren Anschauungsunterricht: Nach der Liberalisierung Ende der siebziger Jahre wurden zahlreiche neue Fluglinien gegründet. Diese erkämpften ihren Markteintritt vornehmlich mit aggressiven Preisen, was entsprechende Reaktionen der etablierten Konkurrenten zur Folge hatte. Seither tobt ein kaum unterbrochener Preiskrieg. Die kumulativen Verluste der amerikanischen Airlines in den frühen neunziger Jahren waren angeblich höher als die kumulierten Gewinne seit ihrem Bestehen. Nach einer Beruhigungsphase in der zweiten Hälfte der Neunziger geht es Anfang des Jahrtausends weiter. Die Liste der auf der Strecke gebliebenen oder unter dem Schutz des Insolvenzrechts operierenden Firmen liest sich wie das »Who's Who« einst berühmter Luftfahrtunternehmen: *Panam, TWA, Eastern Airlines, Braniff, US Airways* und *United*. In Europa sieht es nicht besser aus. *Swissair, Sabena* und ungezählte kleine Gesellschaften hat es erwischt. Selbst viele der nicht vor dem Bankrott stehenden vegetieren am Rande der wirtschaftlichen Existenz dahin. Die Besten erreichen allenfalls marginale Profite.

Wird dieser Markt zum Modell für viele Märkte der Zukunft? Er gehört jedenfalls zu einer Kategorie von Märkten, die möglicherweise einen so genannten »leeren Kern« besitzen. Als Kern eines Markts bezeichnet man in der Wirtschaftstheorie eine Wettbewerbskonstellation, bei der alle Wettbewerber profitabel wirtschaften können. Ist der Kern hingegen »leer«, so lässt sich in einem Markt insgesamt kein Geld verdienen. Das schließt nicht aus, dass einzelne Unternehmen Gewinne machen. Wirtschaftstheoretiker vermuten, dass der amerikanische Luftreisemarkt einen solchen leeren Kern hat. Die hierbei auftretenden Triebkräfte besitzen auch für andere Märkte – insbesondere für viele neue Dienstleistungen – Relevanz. Das macht die Sache so interessant und brisant.

Ursachen des »leeren Kerns«

Eine Triebkraft auf diesen Märkten ist die schnelle Commoditisierung neuer Produkte und Dienstleistungen. Für viele Bereiche gibt es zum Beispiel keinen effektiven Patentschutz. So halten die meisten Kunden heute Personal Computer, Mobiltelefone, Airlines, Autovermieter, Kreditkarten oder Hotels für nahezu beliebig austauschbar.

Sehr niedrige Grenzkosten sind eine weitere Ursache für einen leeren Kern. Wenn die Kapazitäten einmal aufgebaut sind, liegen die Grenzkosten nahe bei null. Die zusätzlichen Kosten für einen Fluggast sind zum Beispiel vernachlässigbar. Umgekehrt bedeutet jeder Sitz, der leer bleibt, unwiederbringlich verlorenes Geld. Ähnliches gilt für ein zusätzliches Telefongespräch, ein Hotelbett, eine Ferienwoche, einen Kreditkartenkunden oder eine Softwareeinheit. Diese Situation führt fast zwangsläufig dazu, dass Wettbewerber mit nicht ausgelasteten Kapazitäten irgendwann anfangen, die Preise zu senken. Als Folge entsteht die bekannte Preisspirale nach unten, die alle außer wenige extrem kostengünstig operierende Anbieter in die Verlustzone reißt. Versuche, aus diesem Schlamassel herauszukommen, scheitern, da immer wieder ein Wettbewerber überschüssige Kapazitäten hat, die er per Niedrigpreis am Markt abkippt. Aus unerfindlichen Gründen treten sogar immer wieder neue Anbieter in solche Märkte ein. Auf die Telekommunikation bezogen meinte Professor Nicholas Negroponte, Chef des *MIT Media Labs,* dass die Verhältnisse dort noch schlimmer sind als bei den Airlines: »Transporting bits is an even worse business than that of the airlines with their fare wars.« Allerdings sind die Eintrittsbarrieren, vor allem in Form der Kundenträgheit, in der Telekommunikation höher als bei den Airlines. Das gilt jedoch nicht im Einzelhandel, bei der Konsumelektronik oder in der Autovermietung.

Ein weiterer treibender Faktor des leeren Kerns ist die Automatisierung der Kundenbeziehung. Wiederum eignen sich der Mobilfunk oder No-Frills-Airlines wie *Ryanair* oder *Easyjet* zur Illustration. Wenn die Geschäftstransaktionen nur noch technisch ablaufen, die Bestellung per Internet und die Zahlung per Kreditkarte erfolgen, entfällt die persönliche Beziehung als treuebildender Faktor. Dem Kunden ist es egal, bei welcher Maschine er kauft, er entscheidet nur noch nach dem Preis. Wer hat schon eine persönliche Beziehung zu seinem Strom- oder Telekom-Lieferanten? Anders sieht es heute noch bei der Bank aus, da man mit dieser in der Regel persönlich verkehrt. In diesem Licht betrachtet beinhaltet der Übergang zum Online-Banking ein beachtliches Risikopotenzial. Wer demnächst mit seiner Bank nur noch per Internet oder Telefon verkehrt, wird leichter wechseln als jemand, der seinem Betreuer persönlich in die Augen schaut. Natürlich ist die persönliche Betreuung teuer, allerdings sollte man ihr Kundenbindungspotenzial nicht unterschätzen. Je mehr die Kundenbeziehungen automatisiert werden, desto größer sind die Chancen beliebiger Austauschbarkeit – und damit eines leeren Kerns.

Kritisch bleiben!

Die nachfolgenden Konsequenzen ergeben sich aus diesen Überlegungen:

- Bei der Beurteilung neuer Märkte sollte man sich vor Euphorie hüten, hier ist größte Nüchternheit angezeigt. Viele Märkte der Zukunft werden einen leeren Kern haben und das Gegenteil des erwarteten Paradieses bringen. Prüfen Sie deshalb Ihr Engagement in solchen Märkten äußerst kritisch. Droht ein leerer Kern, so lassen Sie lieber die Finger davon.
- Angesichts der schnellen Commoditisierung neuer Märkte ist es besonders wichtig, Marktpositionen schon früh zu besetzen. Denn wenn nachziehende Wettbewerber keine Vorteile bieten können, dann bleiben die Kunden lieber beim Pionier. Viele Firmen sind nicht deshalb Marktführer, weil sie besser sind, sondern weil sie einfach früher da waren und die Kunden bei ihnen sind.

- Je größer die Gefahr der Commoditisierung ist, desto wichtiger sind erstens die Kosten und zweitens die Nutzung noch verbleibender Differenzierungspotenziale. Selbst unter den Billigfliegern gibt es profitable Firmen wie etwa *Southwest Airlines* oder *Ryanair*. In Märkten mit einem leeren Kern sind solche Firmen jedoch meist fokussiert und auf spezielle Marktsegmente ausgerichtet. Zudem ist ihr gesamtes System (ähnlich wie bei *Aldi*) auf niedrigste Kosten getrimmt. Deshalb ist es für sie möglich, noch Geld zu verdienen, wenn andere schon Verluste einfahren.

- Wenn irgendwie möglich sollte man versuchen, in der Kundenbeziehung eine persönliche Komponente zu erhalten. Hierzu gibt es viele Möglichkeiten. Durch Kundenkarten oder -clubs werden aus anonymen bekannte Kunden. Die moderne Informationstechnologie gestattet die individuelle Absprache. Auch durch Zuordnung von Kunden zu Mitarbeitern lässt sich der Anonymisierung entgegenarbeiten.

- Auch die Preispolitik sollte man gegen die Commoditisierung einsetzen. Programme wie *Miles&More* oder die *BahnCard* liefern Beispiele. Wer die Ausgabe für die *BahnCard* einmal getätigt hat, beurteilt die Alternative Bahn versus Auto anders. Treueboni, Preisbündelung oder Mehrpersonenrabatte haben ähnliche Wirkungen.

- Nicht zuletzt muss man prüfen, inwieweit Zusatzservices geeignet sind, sich der Commoditisierung zu entziehen. Einerseits liegt hier ein großes, noch nicht ausgeschöpftes Potenzial, andererseits sei hier auch vor trügerischen Hoffnungen gewarnt: Die Bereitschaft des Kunden, Zusatzservices im Preis zu honorieren, hält sich in Grenzen.

In den Märkten der Zukunft weht ein scharfer Wind der Commoditisierung. Paradiese lässt dieser Wind nicht entstehen, allenfalls Oasen, denn er fegt die Profite hinweg und zurück bleibt im schlimmsten Fall ein leerer Kern. Nur wer früh seine Bastionen ausbaut und fokussiert seine Wettbewerbswaffen einsetzt, wird der Sogwirkung des leeren Kerns widerstehen.

Schlanke Zeiten

In dem Bemühen, die Produktivität zu steigern, starren die meisten auf die produzierende Wirtschaft, insbesondere die Automobilindustrie, in der Hoffnung, aus deren Erfahrungen in Sachen Produktivitätssteigerung zu lernen. Das alles ist lobenswert, doch die Fokussierung auf die Produktion lenkt von den wahren Produktivitätsreserven ab. Die größte Herausforderung für das Management besteht nicht darin, die Effizienz in der Produktion weiter hoch zu treiben, sondern endlich das Produktivitätsproblem der Wissens- und Büroarbeiter – dazu gehören auch die Manager selbst – in den Griff zu bekommen. Dieses Thema wird auf Jahre hinaus die Managementagenda beherrschen.

Im Herstellungsbereich ist die Produktivität in den letzten 120 Jahren um gut 3 Prozent pro Jahr, insgesamt also etwa um das 50fache gestiegen. Dieser Anstieg wird und muss weitergehen. Doch das wird auf die Gesamtproduktivität der Volkswirtschaft und des einzelnen Unternehmens nur noch begrenzte Auswirkungen haben. Warum? Weil nur noch wenige Leute in der Produktion beschäftigt sind. Zwar trägt die produzierende Industrie laut Statistik mehr als 30 Prozent zum Bruttosozialprodukt bei, doch selbst in der Industrie arbeiten heute mehr Dienstleister als Produzenten. Bei der *BASF*, einem klassischen Industrieunternehmen mit gigantischen Produktionsanlagen, ist weniger als ein Viertel der Belegschaft in der Produktion tätig. In den hochentwickelten Ländern befassen sich nur noch rund 15 Prozent der Arbeitnehmer mit direkter Herstellung. Mehr als 80 Prozent sind also Wissens-, Büro-, Service-, Verkaufs- und Managementarbeiter. Hier liegen die großen Produktivitätsreserven. Wer diese ausschöpft, der wird die Nase vorn haben.

Auf dem Weg zum schlanken Management sind schon viele heilige Kühe auf der Strecke geblieben. Rolle und Selbstverständnis des Managers haben sich teilweise radikal verändert. Die Zeit des »Managementfeudalismus« ist in vielen Firmen vorbei, in anderen geht sie langsam, aber sicher zu Ende.

Wie groß muss die Führungsmannschaft sein?

Lean Management repräsentiert die konsequente Anwendung eines Bündels von Prinzipien, Methoden und Maßnahmen zur effektiven und effizienten Planung, Implementierung, Gestaltung, Durchführung und Kontrolle sämtlicher Gestaltungsfaktoren der Unternehmung und darüber hinaus des gesamten Wertschöpfungsnetzwerks.

Beginnen wir mit einer einfachen Beispielrechnung: Eine Firma beschäftigt auf der untersten ausführenden Ebene 10 000 Mitarbeiter. Bei einer für traditionelle Verhältnisse typischen Kontrollspanne von sechs gibt es in dieser Firma rund 2 000 Leitende, insgesamt also 12 000 Mitarbeiter. Wir erhöhen nun die Kontrollspanne oder Führungsspanne (der Unterschied ist nicht mehr als Wortklauberei) auf zehn. Das reduziert die Zahl der Leitenden um 889 auf 1 111. Kostet ein Leitender 100 000 Euro, so sparen wir allein durch diese Maßnahme 89,9 Millionen Euro ein. Sollten wir es gar schaffen, die Mannschaft auf der ersten Ebene um 10 Prozent zu reduzieren und gleichzeitig die Führungsspanne wie angegeben zu erhöhen, so würde sich unsere Gesamtbelegschaft um 16,7 Prozent, die Zahl der Leitenden sogar um 50 Prozent reduzieren – unglaublich! Angesichts der Personalreserven in manchen Unternehmen sehe ich in dieser Rechnung ein nach wie vor realistisches Szenario. Mittlerweile gibt es genügend praktische Beispiele, dass solche Verschlankungen funktionieren. Nicht berücksichtigt sind bei dieser quantitativen Betrachtung qualitative Selektionseffekte, die es bei jeder Schlankheitskur zusätzlich gibt.

Eine analoge Rechnung kann man in die umgekehrte Richtung aufmachen: Wie viel mehr ausführende Mitarbeiter lassen sich mit 2 000 Führenden bewältigen? Bei einer Erhöhung der Führungsspanne von sechs auf zehn sind es statt der ursprünglichen 10 000 jetzt rund 18 000! Mit der gleichen Führungsmannschaft kann man also ein Unternehmen nahezu doppelter Größe führen. Rein quantitativ braucht man selbst bei kräftigem Wachstum keine zusätzlichen Führungspositionen zu schaffen.

Delegation von Verantwortung und Kontrolle nach unten

Allerdings erfordern solche Restrukturierungen radikale Änderungen in Einstellung und Verhalten. Die radikalste ist die Delegation von Verantwortung nach unten, eine der Säulen der *Lean Production*. Hohe Führungsspannen funktionieren nur mit Vertrauensmanagement sowie der Mobilisation der vollen Intelligenz und Verantwortung jedes einzelnen Mitarbeiters. Auch die Informationstechnologie spielt eine zentrale Rolle. Traditionell waren zahlreiche mittlere Führungskräfte damit befasst, Informationen zu verdichten. Diese Aufgabe können heute Computer schneller und zuverlässiger erledigen, vorausgesetzt die Systeme stimmen.

Die anfängliche Euphorie um das schlanke Management mag sich etwas gelegt haben. Das kurzfristige Ziel der Effizienzsteigerung hatte häufig Vorrang vor dem langfristigen Ziel der Effektivitätssteigerung. Zu oft wurde einfach Personal ausgedünnt, ohne die Systeme zu ändern. Das konnte nicht funktionieren. Denn natürlich erfordert auch schlankes Management Kontrolle. Doch diese wandert mit nach unten, zum Mitarbeiter selbst und zur Gruppe. Die Wirksamkeit von Gruppenkontrolle ist sehr hoch. So kommt *Hewlett Packard* seit jeher ohne Stechuhren aus, stattdessen kontrolliert die Gruppe, wenn auch implizit. Und wie wir aus der Forschung wissen, können Gruppennormen weit wirksamer sein als Chefnormen. Letztere reizen zur Umgehung und werden meist nicht sozial sanktioniert.

Statussymbole abbauen

Die Schlankheitskur bringt für das Managerleben noch ganz andere Konsequenzen. Überdimensionierte Verwaltungsstrukturen führten zu Arabesken und barocker Personalausstattung. Parkinson hatte Recht. Beginnen wir bei der Sekretärin, dem früher unverzichtbaren Statussymbol eines »echten« Managers. Laut einer Studie sahen 91,6 Prozent der befragten Führungskräfte eine Sekretärin als notwendig an. Wie wir wissen, ist eine gute Sekretärin nicht nur Schreib-, sondern auch Organisations- und Allround-Kraft. Doch wie lastet ein typischer Manager seine Sekretärin aus? Produziert er so viel Papier? Macht sie so viele Termine? Kocht sie so viel Kaffee?

Ich halte einen Großteil der Sekretariatskapazitäten für unausgelastet. Eine gute Sekretärin bewältigt ohne weiteres zwei bis drei normale Manager. Das Gleiche gilt für viele Zuarbeiter, Stäbe – und auch Zentralen. Nach einer Verschlankungskur löst sich oft ein Großteil der früher verrichteten Arbeiten in Nichts auf, die ausführenden Einheiten werden entlastet. So sagten uns die Leute aus den Geschäftsbereichen eines Konzerns mit einer 2 000-Mann-Zentrale, sie hätten weit weniger Arbeit, wenn in der Zentrale nur 100 Mitarbeiter säßen. Diese Leute haben Recht. 2 000 Zentralisten können die operativen Divisions eines Konzerns ganz schön auf Trab halten – ohne dass für den Kunden viel dabei rauskommt. Ich bin überzeugt, dass Konzerne tendenziell besser geführt sind, wenn sie kleinere Zentralen haben.

Andere Kennzeichen eines »Management-Feudalismus«, wie persönliche Assistenten, persönliche Fahrer (nicht Fahrer an sich, diese sind sehr effizienzsteigernd), Vorstandscasinos und Ähnliches, sollten hinterfragt werden. Vor wenigen Generationen war es für großbürgerliche Familien undenkbar, ohne vielköpfige Dienerschaften auszukommen. Wer kann sich jedoch heute noch Diener halten? Genauso wenig können sich Unternehmen Feudaldienst- und -ausstattungen leisten.

Denn die Gegner sind im Zweifelsfall längst schlank. In einer Firma, die 3 500 Mitarbeiter beschäftigt und zehn Konkurrenten überlebt hat, sitzen die drei Geschäftsführer in einem Büro und teilen sich eine Sekretärin. Jeder weiß alles, ist über alles informiert, Papier ist weitgehend überflüssig. Als mich einer von ihnen abends aus dem Gebäude ließ, war er allein, schloss eigenhändig das Fabriktor zu und fuhr seinen Wagen selbst nach Hause. In einem anderen Unternehmen waren bei meinem Besuch neben dem Vorstand selbst noch fünf Mitarbeiter in unproduktivem Warteeinsatz: ein Kellner und ein Wachmann auf der Vorstandsetage, eine Sekretärin, ein Wachmann am Haupteingang und ein Fahrer.

Daneben wird sich Äußeres verändern. Kürzlich besichtigte ich eine

1 100-Mann-Fabrik, in welcher der Werkleiter die gleiche Uniform trug wie alle Beschäftigten. Die Produktivität war Weltspitze. Ich plädiere nicht dafür, alle in Uniformen zu stecken. Nur überflüssiges Fett muss weg. Büros, Arbeitsplätze, das Erscheinungsbild der Manager werden sich weiter ändern. Denn die Alternative ist klar: noch wenige Jahre Feudalismus oder schlankes Überleben auf Dauer!

Innere Quelle

Source heißt bekanntlich *Quelle,* und demgemäß versteht man unter *Outsourcing* die Verlagerung der Bezugsquellen von Komponenten, Produkten oder Dienstleistungen nach außen. Statt die benötigten Teile oder Services selbst herzustellen, werden sie von Lieferanten bezogen, die auf die entsprechende Wertschöpfung spezialisiert sind und deshalb in größeren Mengen kostengünstiger produzieren können. Outsourcing und die damit einhergehende Reduktion der Fertigungstiefe gehören zu den ganz großen Rationalisierungstrends der letzten Jahre. Vielen Unternehmen erscheint die Fremdvergabe als das Wundermittel gegen nahezu alle betriebswirtschaftlichen Übel.

Durch Outsourcing kommt man nicht nur an billigere Teile, sondern verbessert zusätzlich die Kostenflexibilität durch Abbau von Fixkosten. F&E-Aufwendungen scheinen auf diese Weise abwälzbar beziehungsweise mit anderen Beziehern der gleichen Produkte teilbar. Gegebenenfalls kann schnell auf noch günstigere Lieferanten gewechselt werden, der Bindungsgrad ist deutlich geringer als bei eigener Investition. Vorausgesetzt, dass man die Logistik in den Griff bekommt und die Qualität einigermaßen stimmt, sprechen Kostenüberlegungen also fast immer für Outsourcing. Es überrascht insofern nicht, dass der Outsourcing-Trend primär kostengetrieben ist. Auch die Managementliteratur preist das Outsourcing als einen der Königswege zur Steigerung der Wettbewerbsfähigkeit.

Einzigartigkeit kommt nur von innen

Schaut man sich jedoch hervorragende Unternehmen in der Realität an, so fällt einem eine gravierende Diskrepanz zwischen deren Verhalten und diesen weitverbreiteten Lehrmeinungen ins Auge. Die meisten Star-Unternehmen haben nämlich eine ausgeprägte Präferenz zum Selbermachen und stehen dem Outsourcing ausgesprochen skeptisch gegenüber. Beginnen wir mit zwei wohlbekannten Firmen. So heißt es über *Miele*: »Möglichst viele Teile werden selbst hergestellt, das Ganze vorzugsweise in einer überschaubaren Region mit bodenständigen Bewohnern. Daran wird sich vorläufig auch nichts ändern.« Und über die Firma *Braun*, die in vier ihrer sechs Produktfelder Weltmarktführer ist, wird gesagt: »*Braun* fertigt so gut wie alles selbst, bis hin zu Sondermaschinen für die Produktion und bis zu den kleinen Schrauben in den Rasierern. Man habe hohe Qualitätsansprüche, und diese seien auf dem Markt nicht zu günstigeren Konditionen einzulösen, wird gesagt.« Ähnliches hört man von so hervorragenden Firmen wie *Heidelberger Druckmaschinen* oder *Haribo*, *Ferrero* und *Chupa Chups* bei Konsumgütern.

Zwar sind gelegentliche Qualitäts- und Logistikprobleme als Begleiterscheinungen des Outsourcing bekannt. Doch zeigt sich bei diesen Aussagen (und Praktiken) nicht eine weitaus fundamentalere Diskrepanz? Dies ist meines Erachtens in der Tat so! Die im Widerspruch zu den weitverbreiteten Meinungen stehenden Einstellungen des Managements von *Miele*, *Braun* und anderen sind nämlich keineswegs isolierte Erscheinungen, sondern absolut typisch für viele Weltklassefirmen, deren Strategien ich untersucht habe (siehe dazu mein Buch *Die heimlichen Gewinner*). Diese Firmen haben mir durchgängig berichtet, dass ihre Fertigungstiefe höher sei als die ihrer Konkurrenten, weil sie möglichst viel Arbeit in der eigenen Firma behalten, statt sie nach außen zu vergeben. Der hohe Qualitätsanspruch ist dabei nur ein Aspekt. Entscheidender ist die Tatsache, dass Einzigartigkeit nur durch eigene Produktion, aber niemals durch Teile, die jeder auf dem Markt kaufen kann, sichergestellt werden kann. Einzigartigkeit und damit dauerhafte Wettbewerbsüberlegenheit entspringt nur aus inneren Quellen, die sonst niemandem zugänglich sind, nie jedoch aus externen Ressourcen, die jeder anzapfen kann.

Einseitige Kostenfixierung

Dieser im Wettbewerb entscheidende Aspekt wird bei der Outsourcing-Entscheidung meist sträflich vernachlässigt. Stattdessen dominiert die einseitige Kostenfixierung. Der heutige Chef eines Aggregateherstellers bringt das Problem zum Ausdruck: »In den achtziger Jahren hatten wir einen Vorstandsvorsitzenden, der ein großer Outsourcing-Fan war. Er vergab möglichst viel nach außen und wollte sich vor allem auf den Zusammenbau konzentrieren. Ich halte das aus heutiger Sicht für einen großen Fehler. Zum einen wurden unsere Prozesse ungeheuer komplex, vor allem in F&E. Noch schlimmer ist jedoch, dass wir unsere Identität und Einzigartigkeit verloren haben. Wir mögen die Kosten gesenkt haben, jedoch fragen jetzt die Kunden, was an unseren Aggregaten eigentlich noch von uns sei. Wozu sind wir gut, wenn wir selbst Kernkomponenten hinzukaufen? Meine Hauptaufgabe heute ist, wieder möglichst viel Arbeit und Kompetenz in die Firma zurückzuholen. Wir brauchen einfach einzigartige Kernkomponenten!« In ähnlicher Weise beklagt ein Manager aus der Elektroindustrie die Folgen übertriebenen Outsourcings: »Unsere Kunden sind doch nicht dumm. Sie sehen, dass alle Wettbewerber die gleichen Bauteile von den gleichen Lieferanten benutzen. Und sie fragen, warum sie für unsere Produkte unter diesen Umständen einen höheren Preis bezahlen sollen. Nein, wir brauchen unbedingt Komponenten, die nur wir haben, die nur in unseren Produkten erscheinen, die man nicht auf dem Markt kaufen kann.«

Viele der von mir untersuchten heimlichen Gewinner treiben das Selbermachen scheinbar bis zum Exzess. Der Chef einer solchen Firma, die Ladeausrüstungen herstellt, sagte mir: »Wir machen möglichst alles selber. Basta!« Als Beispiel führte er einen Schutzkäfig an, der traditionell in aufwändiger Handarbeit zusammengeschweißt wurde. Das war kostenmäßig nicht mehr tragbar, und der Betriebsleiter drohte seiner Mannschaft die Fremdvergabe an. Nur wenn sie das niedrigste Fremdangebot unterböten, bliebe die Arbeit – und damit die Arbeitsplätze – im Hause. Die Mitarbeiter kamen auf eine geniale Lösung: Man kaufte eine ausgediente Presse bei einem Automobilhersteller und presst jetzt den Schutzkäfig in einem Vorgang aus einer Eisenplatte. Die Kosten liegen bei einem Bruchteil des niedrigsten externen Angebots. Der Betriebsleiter erläutert: »Wir sehen einfach nicht ein, dass andere bestimmte Dinge billiger machen können sollen als wir. Und meistens haben wir Recht. Outsourcing ist oft das Ergebnis von Resignation und bei uns gibt's keine Resignation.« Doch es kommt noch dicker.

Auch vorgelagerte Prozesse begründen Überlegenheit

Zu meiner großen Überraschung stellte ich fest, dass sehr viele der heimlichen Gewinner nicht nur möglichst wenig von der Wertschöpfung ihrer Endprodukte nach außen vergeben, sondern dass sie zum Teil sogar die Maschinen selbst entwickeln und bauen, auf denen sie ihre Endprodukte herstellen (siehe das oben zitierte Beispiel von *Braun*). Dazu zählen in ihren Märkten führende Unternehmen wie *Haribo* (Gummibärchen), *Brita* (Wasserfilter), *ASB Grünland* (Blumenerde), *Hoppe* (Beschläge), *Sachtler* (Kamerastative) oder *Gallagher* (Elektrische Weidezäune) und Dutzende andere. Läuft dies nun nicht endgültig allen Economies-of-Scale-Gedanken, Beratermeinungen und moderner Arbeitsteilung entgegen?

Es bedurfte vieler Gespräche, bis ich dieses Verhalten verstand. Die Essenz der Gespräche mit den Leitern solcher Unternehmen kommt in folgendem Zitat, dessen Urheber anonym bleiben möchte, zum Ausdruck: »Die Wertschöpfungsstufe unserer Endprodukte reicht nicht aus, um unsere weltweite Überlegenheit und Einzigartigkeit zu begründen. Wenn wir unsere Endprodukte auf Maschinen fertigten, die jeder kaufen kann, dann könnten wir nie den Vorsprung behaupten, den wir heute besitzen. Nein, wir müssen ein oder gar zwei Stufen tiefer gehen. Dort liegt die wirkliche Quelle unserer Wettbewerbsüberlegenheit. Unsere Endprodukte können unsere Konkurrenten kaufen und imitieren. Doch wie wir diese Produkte fertigen, das ist unser Geheimnis, und die dazu notwendigen Maschinen und Prozesse sind niemandem zugänglich. Sie hüten wir wie unseren Augapfel, denn sie sind die Quelle unserer inneren Kraft.« So stellt *Kaldewei*, der führende Badewannenproduzent Europas, selbst die Emailchemikalien her, die zur Beschichtung verwandt werden, »obwohl man solche Produkte billiger bei einem Chemieunternehmen beziehen könnte«. *Bahlsen* hat eine eigene Mühle für das spezielle Mehl, das in den Salzsticks der Marke *Lorenz* verwandt wird. Diese Produkte sind europäischer Marktführer, obwohl sie doppelt so viel wie die Konkurrenzartikel kosten. Ein Teil des Geheimnisses liegt in den Rohstoffen, die kein Konkurrent hat.

Ein äußerst wichtiger Nebeneffekt dieser »übertriebenen« Fertigungstiefe besteht meines Erachtens darin, dass es auf diese Weise gelingt, hochqualifiziertes Personal zu halten, das sich durch die Beschränkung auf die oft relativ einfache Endproduktion nicht genügend herausgefordert fühlte. Bei meinen zahlreichen Besuchen in solchen Firmen hatte ich oft den Eindruck, dass die qualifiziertesten Mitarbeiter nicht in der Wertschöpfungsstufe der Endproduktion und noch nicht einmal in der F&E für die Endprodukte, sondern in den vorgelagerten Maschinenbauabteilungen saßen. Passen Sie deshalb auf, dass voreiliges Outsourcing nicht das geistige Potenzial Ihres Unternehmens beeinträchtigt, sondern sorgen Sie gegebenenfalls sogar durch gezieltes Insourcing dafür, dass das Anspruchsniveau der Wertschöpfung in Ihrem Unternehmen steigt!

Kernkompetenzen bewahren

Nun wird man mir mit Recht entgegenhalten, dass es doch erfolgreiche Firmen gibt, die fast gar nichts mehr selbst herstellen, sondern alles hinzukaufen. Das ist richtig! Jedoch liegt die Kernkompetenz der erfolgreichen unter diesen Firmen nicht in der Herstellung, sondern in der Systemintegration. Ähnlich wie die Kernfähigkeit eines guten Händlers sich auf die Distribution und nicht auf die Produktion bezieht. Ein ausgezeichnetes Beispiel ist die Firma *Brückner*, Weltmarktführer bei Folienreckanlagen. Deren Geschäftsführer kommentierte: »Wir stellen nichts mehr selbst her. Wir haben keine einzige Drehbank. Unsere Kernkompetenzen liegen in der Konstruktion dieser großen Anlagen, der Identifikation geeigneter Hardwarelieferanten und der Zusammenführung. Das sind äußerst komplexe Aufgaben. Bei uns kann man nicht von Outsourcen sprechen, denn wir sind kein Hersteller. Von unserer Kernaktivität, der Systemintegration, outsourcen wir nichts. Vielmehr schützen wir diese Kernkompetenz mit allen Mitteln. Wir halten zum Beispiel die entscheidenden Patente und haben unsere Position in dieser Hinsicht ständig gestärkt.« Dieser Fall zeigt, worauf es ankommt: Nichts von der Kernkompetenz outsourcen!

Und um die Kernkompetenzen ging es bisher. Beim *Outsourcing* von Nicht-Kernkompetenzen ist es gerade umgekehrt. Hier äußerten sich die Chefs der *Hidden Champions* äußerst positiv. Während große Firmen auch solche Aktivitäten in der Vergangenheit selbst bestritten (Kantine, Steuer- und Rechtsabteilung, IT), beschäftigen die Weltklassefirmen für solche Aufgaben lieber externe Lieferanten. Die Argumentation ist dabei gerade umgekehrt wie oben. Oft sind die externen Lieferanten im Kostenvergleich sogar teurer. Jedoch sind hier viele Manager der Meinung, dass sie bei solchen Nicht-Kern-Services auf dem freien Markt weitaus bessere Qualität bekommen, als sie intern möglich ist. Der Leiter eines mittelgroßen Hamburger Unternehmens drückte dies so aus: »Wie könnte ich mich der Illusion hingeben, dass wir die besten Steuerleute, Rechtsanwälte oder Berater als Angestellte für unser Unternehmen gewinnen oder gar halten könnten. Das ist doch reine Illusion. Die Besten in diesen Branchen findet man in Sozietäten, in denen sie Partner werden können. Und genau diese Leute heuern wir bei Bedarf an. Während wir bei unseren Kernkompetenzen möglichst wenig nach außen vergeben, wird bei diesen Randfeldern alles outgesourct – und zwar an die besten Leute, die natürlich teuer, aber in aller Regel ihr Geld wert sind.«

Zusammenfassend kann man sehen, dass eine einseitig kostenorientierte Sicht von Outsourcing zu gravierenden Fehlern führen kann. Dauerhafte Wettbewerbsüberlegenheit kann nur aus den inneren Quellen eines Unternehmens genährt und niemals durch Outsourcing zugekauft

werden. Und genau umgekehrt ist es bei Randaktivitäten. Hinter solchem Verhalten steht eine Grundeinstellung, die durch ein Verlassen auf
die eigenen Stärken und ein tiefes Vertrauen in die eigene Leistungsfähigkeit gekennzeichnet sind. Dies ist der Boden, auf dem Wettbewerbsfähigkeit gedeiht. Die Aussage, die Friedrich von Schiller seinem Wilhelm Tell
in den Mund legt:»Der Starke ist am mächtigsten allein!« ist auch für
die meisten Unternehmen ein gutes Motto.

Gegen den Wind

Krisen sind die Stunden der Wahrheit und der Reinigung. Diejenigen
Unternehmen, die in besseren Zeiten entstanden, aber härteren Bedingungen nicht gewachsen sind, werden dann einfach aussortiert. Aber
handelt es sich bei Krisen um höhere Gewalt, gegen die man nichts tun
kann? Gibt es überhaupt probate Gegenmittel? Und welche Maßnahmen
wirken? Ist Cost-Cutting der einzige Weg? Was kann man von Unternehmen lernen, die mit den Bedrohungen besser fertig werden als andere?
Das sind Fragen, die sich aufdrängen und die zu teilweise erstaunlichen
Antworten führen. Eine differenzierte Analyse deckt Fakten, Strategien
und Chancen auf, die der herrschenden Meinung und der Mode des Tages, die stets durch Einseitigkeit gekennzeichnet sind, widersprechen.

Diese Einseitigkeit besteht vor allem darin, dass man auf die Krise nur
mit Cost-Cutting reagiert. Kapazitätsreduktion, Entlassungen und
Werksstilllegungen erscheinen als einzige Reaktionsmöglichkeit. In jeder
Krise quellen die Zeitungen über von entsprechenden Horrormeldungen.
Zwar wird niemand die Notwendigkeit der Rationalisierung ernsthaft
bestreiten, aber genauso wenig sollte man diesen Weg als den allein selig-
machenden akzeptieren. Nehmen wir das Beispiel *Opel*: Den Meldungen
zufolge hatte *Opel* im Jahr 2002 eine (Produktions-) Überkapazität von
350 000 Autos. Um ins Gleichgewicht zu kommen, müssen die Werke
um diese Stückzahl verkleinert werden. Das klingt logisch. Aber wer sagt
denn, dass Opel nicht eine (Marketing-) Unterkapazität von 100 000,

200 000 oder 300 000 Stück hatte? Und folglich nur ein entsprechend kleinerer Kapazitätsabbau in der Produktion notwendig wäre? Wieso trug bei *Opel* niemand die Forderung vor, die Marketing-Kapazität um 200 000 Stück zu erhöhen? Das soll unmöglich sein? Was haben denn *BMW*, *VW* oder *Porsche* in den letzten Jahren vorexerziert? Wer baut denn die Kapazitäten in Regensburg und Leipzig aus? Erst die neue Führung bei *Opel* drehte den Spieß um.

Umsatzsteigerung statt Cost-Cutting

Umsatzeinbrüche in einer Branche treffen selten alle Wettbewerber gleichartig. Im Gegenteil: Fast immer gibt es Unternehmen, die von der Krise profitieren und gestärkt aus ihr hervorgehen, während andere sie nicht überleben. So balancieren viele der großen europäischen Fluggesellschaften am Rande der Existenz. *Swissair* und *Sabena* haben bereits 2001 Konkurs angemeldet. Doch geht es allen Airlines in dieser Krise schlecht? Mitnichten! Billigflieger wie *Ryanair* oder *Easyjet* haben auf die Situation nach dem 11. September 2001 mit einer Verstärkung des Marketing und der Werbung sowie mit aggressiver Preispolitik reagiert. Und während die traditionellen Airlines Flugzeuge stilllegen, will *Ryanair* seine Flotte um 100 neue Boeing 737 erweitern. Doch solche Ergebnisse muss man in Europa wie in den USA mit verschärftem Marketing und teilweise aggressiven Preisen erkämpfen. Diese Fallstudien belegen, dass es selbst in der am schlimmsten betroffenen Branche einzelnen Wettbewerbern gelingt, dem Wind der Krise zu trotzen. Allerdings setzt dies voraus, dass man kostenmäßig entsprechend aufgestellt und flexibel ist. Es bleibt auch abzuwarten, wie sich der Markteintritt neuer Airlines wie *German Wings* oder *Hapag Lloyd Express* im Billigflugsegment auf die Rentabilität der vorhandenen Billigflieger auswirkt.

Genauso gibt es auch für Firmen, die nicht auf Niedrigpreisstrategien ausgerichtet sind, eine Fülle von Möglichkeiten, nicht nur mit *Cost-Cutting*, sondern auch mit Sales-Push oder zumindest einer aggressiven Umsatzverteidigung auf die Krise zu antworten. Diesbezüglich wird die

Flinte meist viel zu früh ins Korn geworfen. Zudem mangelt es häufig an Strategien, mit denen man sich an die Krise anpasst. Denn eines ist klar: In der Krise gelten für den Umsatz andere Wirkungsgesetze als in der Normalsituation oder gar im Boom. Demzufolge unterscheidet sich auch das optimale Verhalten. Das hat zwei Ursachen. Zum einen verschieben sich in der Krise die Kundenpräferenzen. Zum anderen nehmen die Elastizitäten der Marketinginstrumente in der Krise andere Werte an.

In Krisen ändert sich die Kundenpräferenz

Die nachfolgenden Praxisbeispiele illustrieren Krisensituationen und zeigen, dass sich selbst in schwierigen Zeiten Chancen für Umsatzsteigerungen ergeben. Eine generelle Antwort auf Krisen scheidet natürlich aus, dennoch gibt es nach unseren Befunden folgende Grundtendenzen in Krisensituationen:

• *Das Thema Sicherheit gewinnt an Bedeutung.* Beispiel: Eine als politisch nicht gefährdet angesehene Airline verliert weniger Passagiere und braucht deshalb nicht mit Preissenkungen zu reagieren, eventuell kann sie die Preise sogar erhöhen. Das Gleiche gilt für Urlaubsregionen. Spanien meldete im Nachgang zum 11. September 2001 neue Buchungsrekorde. Umgekehrt bleibt es ohne Wirkung, wenn eine politisch brisante Region mit Preissenkungen wirbt. Ein besonders sicheres Land wie Spanien könnte die Preise in der Krise sogar anheben. Die Preiselastizität reagiert auf die Krise höchst asymmetrisch. Solche Fakten muss man tiefgehend analysieren und verstehen, um die richtigen Schlüsse zu ziehen.
• *Die Zeitpräferenz verändert sich.* Kurzfristige Wirkungen gewinnen gegenüber langfristigen an Gewicht. Zwei Beispiele: Eine große Bank hat ein Investmentangebot, das eine hohe Nachsteuerverzinsung garantiert, die aber erst über einen sehr langen Anlagezeitraum zur Wirkung kommt. Der Absatz verläuft in der Krisensituation des Jahres 2002 äußerst schleppend. Die Anleger wollen sich in einer Phase ho-

her Unsicherheit nicht langfristig festlegen. Es ist notwendig, das Angebot umzustricken und die Rückflusszeit zu Lasten der Rendite zu verkürzen. Ähnliches gilt bei Industrieprodukten. Schnelle Einsparungen schlagen in der Krise langfristige Vorteile. Die Investitionsbereitschaft ist stark gebremst. Im Verkauf muss man die kurzfristigen Einsparungen in den Vordergrund stellen, eventuell sogar die Produkte in Richtung kurzfristiger Wirkung verändern.

• *Finanzierung und Zahlungskonditionen werden wichtiger.* Viele Kunden sind knapp bei Kasse. Deshalb reduziert jeder Aufschub einer Zahlung Liquiditätsprobleme und schafft damit einen Wettbewerbsvorteil für den Lieferanten, der sich an dieser Front großzügig zeigt. Ein Haushaltswarenhersteller konnte deutliche Preiserhöhungen durchsetzen, nachdem er erweiterte Finanzierung und Zahlungsziele anbot. Selbst nach der Absicherung seiner größeren finanziellen Engagements durch Factoring blieb ihm eine deutlich verbesserte Marge – bei höherem Umsatz!

• *Harte Nutzen- und Kostenvorteile gewinnen an Bedeutung.* In guten Zeiten leistet sich der Kunde, egal ob geschäftlich oder privat, manchen Luxus, Dinge von der Art »nice to have«. In Krisenzeiten geht es diesen nicht lebensnotwendigen Attributen an den Kragen. Kann man jedoch harte Nutzen- oder Kostenvorteile bieten, so lassen sich Umsatz und Marktanteil in der Krise sogar steigern. So berichtete der Anlagenbauer *Dürr*, dass die Automobilhersteller trotz der Konjunkturschwäche Projekte realisieren, die ihnen Kosteneinsparungen bringen, während Investitionen, die eher der Modernisierung dienten, auf den Prüfstand gestellt würden. Ein Pflanzenschutz-Unternehmen bringt in der Krise ein Präparat nach vorn, das zwar nicht ganz so wirksam und sogar etwas weniger umweltfreundlich ist als das des Wettbewerbers, aber das Mittel braucht nur einmal pro Saison eingesetzt zu werden und spart damit den Landwirten erhebliche Arbeitskosten ein. Dadurch gelingt in der Krisensituation eine deutliche Umsatz- und Marktanteilssteigerung. Bei Konsumgütern wirkt die Krise in ähnlichem Sinne zugunsten von *Aldi*, *Lidl* oder *Schlecker*, da sich das relative Gewicht von Qualität und Preis zugunsten des Letzteren verschiebt. Wenn die Leute wenig Geld haben, achten sie stärker auf den Preis.

Krisen sind auch Chancen

Interessante Chancen bieten die Einsparung oder Übernahme von Arbeitskräften. Viele große Firmen wollen mit aller Gewalt Stellen abbauen. Das ist die Stunde der externen Dienstleister. Beispiel: Ein Felgenlieferant übernimmt die Montage der Räder in der Automobilfabrik – und die diese Aufgabe ausführenden Mitarbeiter. Er steigert seinen Umsatz erheblich. Ein industrieller Dienstleister geht offensiv auf Metallhersteller zu und bietet ausdrücklich nicht nur seinen Service, sondern auch die Übernahme der Mitarbeiter an. Er hat auf diesem Gebiet mittlerweile beträchtliches Know-how angesammelt. Die Krise in der Metallindustrie führt bei ihm zu Umsatzsprüngen. *ThyssenKrupp Serv* hat seinen Umsatz mit industriellen Dienstleistungen seit 1998 von 1,1 Milliarden auf 2,6 Milliarden Euro mehr als verdoppelt.

Überkapazitäten im Außendienst lassen sich durch Tausch oder Vermietung auslasten. Umsatzeinbrüche führen in der Regel zu Unterbeschäftigung der Vertriebsmitarbeiter. Eine mögliche Antwort wäre die Erweiterung des Sortiments, das die Verkäufer anbieten. Im Falle von zwei nicht konkurrierenden, sondern komplementären Baustoffherstellern nahmen die Außendienste das jeweils andere Sortimente zusätzlich in ihr Verkaufsprogramm auf. Beide Firmen erzielten Umsatzzuwächse und konnten den Abbau ihrer Außendienste vermeiden. Zahlreiche ähnliche Beispiele kennen wir aus dem Versicherungs-, Anlage-, Bauspar- oder dem Pharmabereich. Auch hier funktioniert die Devise: Mehrleistung statt Abbau.

Dies sind nur wenige Praxisbeispiele, die belegen, dass man sich auch in Krisenzeiten mit Erfolg gegen den Wind stellen kann. Eine Krise als solche können Sie nicht aus der Welt schaffen, aber wie Sie mit ihr umgehen und was Sie aus ihr machen, das liegt nur an Ihnen.

Kapitel 8
Das Elend des Marketings

Gefesselte Kunden

Kann man Kunden binden oder gar fesseln? Das wäre der Traum eines jeden Unternehmens, das im Wettbewerb steht und um seine Kunden bangen muss. Werden sie treu bleiben oder zur Konkurrenz überlaufen? Wie kann man sie bei der Stange halten, ohne dass es zu viel kostet? Gibt es auch für meine Branche so etwas wie ein *Miles&More*-Programm? Solche Fragen werden drängender, je weniger neue Kunden in einen Markt strömen.

Kundenbindungsprogramme sind folglich in aller Munde. Stärkere Kundenbindung verspricht in der Tat hohe Rentabilität, denn bekanntlich soll es fünfmal so viel kosten, einen neuen Kunden zu gewinnen, als einen alten Kunden zu halten. Doch solche Programme dürfen nicht nur unter dem Aspekt der Kundentreue und des Wiederkaufs gesehen werden. Ihr strategisches Potenzial geht weit über diesen direkten »Klebeeffekt« – der natürlich im Vordergrund steht – hinaus. Wir haben gelernt, dass zwei »Nebenwirkungen« von Kundenbindungsprogrammen fast genauso wichtig sind wie der Haupteffekt. Es handelt sich hierbei um die radikale Verbesserung der Informationsgrundlagen sowie die Verlagerung des Wettbewerbs von der Einzeltransaktion auf das System.

Individuelle Zuordnung von Einkäufen

Kundenbindungsprogramme sind in aller Regel mit einer Zuordnung einzelner Käufe zu einem präzise identifizierten Kunden verbunden. Der Kunde wird damit der Anonymität enthoben. Man kann diese Zuordnung als notwendige (zumindest aber als erwünschte) Bedingung eines wirksamen Programms ansehen, da sie Basis für die Belohnung von Kundentreue ist. Am häufigsten geschieht diese Zuordnung mithilfe von Karten wie Miles&More bei *Lufthansa*, Kundenkarten im Einzelhandel oder Kundendateien wie bei Banken, Versicherungen oder im industriellen Einkauf.

Die Zuordnung von Einkäufen zu Kunden bildet eine unschätzbar ergiebige Informationsbasis für alle Arten von Kundenanalysen, Marktsegmentierungen, Kundengruppenmanagement sowie für die gezielte Ansprache im Sinne eines One-to-One-Marketing. Die Verbindung mit Direct Mail und in Zukunft vermehrt auch Internet (Electronic Commerce, E-Mail) eröffnet enorme Effizienzsteigerungen in Vertrieb und Kommunikation. So offeriert der Internet-Buchhändler *Amazon.com* den Benutzern, die seine Homepage aufgerufen haben, spezielle Weihnachtsangebote – die Kosten der Verbreitung dieser gezielten Information sind praktisch null!

Auch bei Verbrauchsgütern gibt es interessante Möglichkeiten, die Kunden zu »fesseln«. Denken wir beispielsweise an Babywindeln: Markenhersteller haben das Problem, dass junge Mütter in den ersten Wochen oder Monaten die teure Marke (»nur das Beste«) für ihr Baby kaufen, dann aber zu billigeren No-Name-Produkten wechseln. Auf diese Weise verliert die Marke einen Großteil des Windellebenszyklus eines Babys, der zwei bis drei Jahre dauert. Wie könnte hier eine Lösung aussehen? Warum bietet man den jungen Müttern nicht einen Vertrag – inklusive eines attraktiven Preises – für den gesamten Windelzyklus an, so wie es die Mobilfunkanbieter heute tun? Eine Extremform wäre hierbei eine Flat Rate, das heißt ein Pauschalpreis. Aber auch verschiedene Varianten von festen und variablen Preiskomponenten sind denkbar. Die Kunden wären für zwei Jahre gebunden, und gleichzeitig könnte dieses

Angebot für sie attraktiv sein – eine Win-Win-Situation für Hersteller und Verbraucher wäre möglich. Dieses Beispiel soll hier nur zeigen, welch ungewohnte Perspektiven das Thema Kundenbindung eröffnen kann.

Aus diesen Zusammenhängen ergeben sich höchst interessante Konsequenzen. Bei der Einrichtung eines Kundenbindungsprogramms sollte man unbedingt die Zuordnung von Transaktionen und Kunden realisieren. Zusätzlich muss die daraus resultierende Chance der radikal verbesserten Information natürlich genutzt werden. Das erfordert eine deutliche Verbesserung des Know-hows. Nur wenige Unternehmen besitzen heute die Fähigkeit, das in derartigen kundenindividuellen Daten enthaltene Potenzial wirksam auszuschöpfen.

Wettbewerb der Systeme

Ein zweiter, überraschender Aspekt besteht in der Verlagerung des Wettbewerbs auf die Systemebene. Am einfachsten lässt sich diese Wirkung anhand eines Frequent-Flyer-Programms erklären. Ein Fluggast, der nicht Mitglied eines solchen Kundenbindungsprogramms ist, wird sich von Fall zu Fall isoliert entscheiden. Fliegt er von Hamburg nach München, so wählt er jeweils die Flugverbindung oder die Fluglinie, die für ihn unter Abwägung von Zeit und Preis am günstigsten ist. Wenn er jedoch Mitglied eines Frequent-Flyer-Programms geworden ist, ändert sich seine Entscheidungsgrundlage, denn er hat jetzt eine mehr oder minder starke Prädisposition für »seine« Airline. Seine Wahl erfolgt nicht mehr isoliert aufgrund einer einzelnen Flugverbindung, sondern es gibt eine Vorentscheidung für eine Fluglinie – das heißt für ein System – und der Verbraucher versucht, seinem System treu zu bleiben. In den USA zeigte sich diese Entwicklung sehr deutlich. Während in den Anfangsjahren viele Kunden mehreren Kundenbindungsprogrammen angehörten, entschieden sich die meisten im Zeitablauf für ein Programm, weil sie dies als vorteilhafter empfanden. Noch stärker ist dieser Effekt bei Kundenbindungsprogrammen, die eine Vorabzahlung verlangen, wie etwa die

BahnCard. Wer eine solche Karte gekauft hat, will sein Geld »zurückverdienen« und entwickelt ein anderes Verhältnis zur Bahnnutzung.

Welcher Wettbewerber innerhalb eines solchen Systemwettbewerbs nun besser abschneidet, hängt nicht mehr primär von der Vorteilhaftigkeit der Einzelangebote, sondern von der Über- oder Unterlegenheit eines Systems als Ganzem ab. Die Spielregeln des Wettbewerbs können sich demnach durch Kundenbindungsprogramme radikal ändern. Das Gleiche gilt für Bundling-Angebote, die nichts anderes als Mehrprodukt-Bindungsprogramme sind. *Microsoft* hat dies wie kein anderes Unternehmen vorexerziert. Obwohl *Microsoft* in den Einzelbereichen wie Textverarbeitung, Grafik, Tabellenkalkulation oder Web-Browser nicht besser ist als der jeweils beste Konkurrent, schlägt es durch die Bündelung seiner Anwenderprogramme in Form der bekannten *Office-Pakete* die Anbieter einzelner Komponenten mühelos aus dem Feld. Auf diese Weise eroberte *Microsoft* in allen Teilfeldern dieser Anwendungsprogramme die Marktführerschaft.

Weitere Möglichkeiten ergeben sich durch das Zusammenwirken mehrerer Unternehmen in ein Bindungsprogramm. Auch diese Chance nutzen Frequent-Flyer-Programme bisher am konsequentesten, indem sie Autovermieter, Hotels oder Händler ihre Bonusmeilen verteilen lassen. Grundsätzlich steht diese Methode jedoch allen Branchen offen. Einer unserer Kunden im High-Tech-Bereich ist damit in den USA extrem erfolgreich: Er hat in einzelnen Regionen zahlreiche Händler aller möglichen Branchen in sein Programm eingebunden. Als Gegenleistung dafür, dass er ihnen Kunden zuführt, gewähren die Händler diesen Kunden einen Rabatt. In Deutschland bietet *Payback* zusammen mit *AOL*, *Apollo-Optik*, *DEA*, *Europcar*, *Galeria Kaufhof*, *Palmers*, *Real* und in Kooperation mit *Visa* und der *Landesbank Baden-Württemberg* eine Bonuskarte mit Zahlungsfunktion an. Zusätzlich zu den Punkten bei den Partnern gibt es mit der *Payback-Visa*-Karte auch Punkte auf die monatlichen *Visa*-Umsätze.

Aus diesen Einsichten ergeben sich interessante Schlussfolgerungen: Wer die Einführung eines Kundenbindungsprogramms ins Auge fasst, sollte unbedingt die komplexen Auswirkungen auf den Wettbewerb bedenken. Je nachdem, ob man in den Einzeltransaktionen oder im System Wettbewerbsvorteile besitzt, stellt sich die Attraktivität eines solchen Programms sehr unterschiedlich dar. Je nach Situation muss man das Programm anders stricken, um unerwünschte Effekte zu vermeiden. Da diese außerordentlich komplex sein können, ist eine tiefgehende Analyse unverzichtbar.

Es gibt keinen Zweifel, dass alle Arten von Kundenbindungsprogrammen an Bedeutung gewinnen werden. Neue Informationstechnologien wie Smart Cards, Internet oder E-Mail eröffnen bisher nicht vorstellbare Dimensionen des One-to-One-Marketing. Maßgeschneiderte Angebote für Kundengruppen und Einzelkunden lassen sich hochwirksam und kostengünstig realisieren. Die Kommunikation kann gezielter und wirtschaftlicher denn je an den Kunden gebracht werden.

Nein, man kann Kunden in einer freien Marktwirtschaft nicht fesseln. Aber man kann es für sie attraktiv machen, Kunde zu bleiben. Die Balance zwischen Kosten und Wirksamkeit ist dabei delikat – ein Spiel hoher Intelligenz und besserer Information.

Marke total

Die Marke mausert sich immer stärker zum letzten Rettungsanker. An wie viele Diskussionen kann ich mich erinnern, in denen das Produkt nichts mehr hergab und die Marke als einziger Differenzierungsfaktor und Hoffnungsschimmer übrig blieb. Kein Lebensbereich scheint gegen die Magie der Marke gefeit. Nicht nur Konsumgüter, Industrieprodukte und Dienstleistungen sind längst zu Markenartikeln mutiert, auch nonprofit-Organisationen wie das *Rote Kreuz*, *Greenpeace* oder *AOK – Die Gesundheitskasse* beanspruchen selbstredend Markenstatus. Die jüngste Expansion des Markenfiebers hat den Kapitalmarkt erfasst, es gibt die Aktie T (sogar markenrechtlich geschützt) der *Deutschen Telekom AG* oder die Aktie gelb der *Deutschen Post AG*. Selbst in klassischen Commodity-Märkten werden riesige Beträge investiert, um die Produkte der

Anonymität zu entheben. *EnBW* hat in seine Tochter *Yello* dreistellige
Millionenbeträge investiert. *E.on* hat mehrere große Werbekampagnen
gefahren, um seinen Namen bekannt zu machen und den Markt zu pene-
trieren. Strömt demnächst aus unserem Wasserhahn nicht mehr nur einfaches H^{2}O, sondern »Aqua blue« (oder wie immer der Phantasiename
sein mag)? Ist das alles sinnvoll? Werden nicht Millionen durch den
Schornstein gejagt in der vergeblichen Illusion nach Differenzierung,
Kundenfang und (hohler) Nutzenschaffung? Wer prüft die Effektivität
und die Effizienz dieser enormen Marketingausgaben? Und was bleibt
auf Dauer davon haften? In der Tat erscheint eine nüchterne Analyse angezeigt.

Merkmale einer Marke

Als Eintritt in unsere Diskussion empfiehlt es sich, die klassischen Merk-
male des Markenartikels in Erinnerung zu rufen, so wie sie Domizlaff
bereits 1929 definiert hat:

1. immer gleiche Qualität,
2. überall erhältlich,
3. einheitlicher Preis und
4. klar unterscheidbare Markierung.

Unter dem moderneren Begriff der *Positionierung* kommt als inhalt-
licher Aspekt dazu, dass die Marke im Kopf des Kunden mit einem einzigartigen Inhalt verbunden sein muss. Nobelpreisträger Herbert Simon
sprach vom »Information Chunk«, dem Informationsklumpen, in dem
alle Assoziationen zu einer Marke in hochverdichteter Form gespeichert
sind. Anhand dieser wenigen Kriterien lässt sich belegen, dass die Marke
nicht zum Allheilmittel der Differenzierung und auch nicht zum generell
wirksamen Rettungsanker in einem verschärften Wettbewerb werden
kann. Milliarden werden in der Werbung verpulvert, weil einfache
Wahrheiten verdrängt werden.

1. Wenn das Produkt total austauschbar ist, wird die Marke scheitern. Strom ist Strom. Alle kennen *Yello*, aber nur wenige kaufen *Yello*-Strom – und diejenigen, die es tun, kaufen zu nicht kostendeckenden Preisen. *Yello* ist keine Marke.
2. Wenn die Qualität nicht stimmt oder vom Zufall abhängt und inkonsistent ist, entsteht kein Markenwert. Die *Deutsche Bahn* offeriert alles vom hochmodernen *ICE* bis zum ramponierten Bummelzug und zum heruntergekommenen Provinzbahnhof unter der Marke *DB*! Solche Qualitätsdivergenz ist mit einem Markenanspruch unvereinbar. Natürlich sehen sich alle Dienstleistungsunternehmen mit dem Problem unterschiedlicher Servicequalität konfrontiert, deshalb empfiehlt sich für Dienstleister Vorsicht bei zu vollmundigen Markenversprechen. Dennoch belegen Beispiele wie *McDonald's*, *Hilton*, *Starbucks* oder *Allianz*, dass auch Dienstleister echte Marken schaffen können.
3. Ohne klare inhaltliche Positionierung gibt es keine Marke. Wofür steht *Opel*? Oder *Nissan*? Wofür stehen *Spar* oder *Rewe*? Der Vergleich mit *Mercedes*, *BMW*, *Volkswagen* oder *Aldi* zeigt den Unterschied: Hinter der Marke muss ein dauerhafter Wille existieren (»wissen, was man will«). Vergessen Sie getrost das Thema Repositionierung oder Wechsel der Markeninhalte. Einigen mag das gelingen, aber es dauert Jahre. Große Marken verändern ihre Kernwerte über Jahrzehnte nicht. »Semper idem«, immer gleich, nennt Emil Underberg das, er hat diese Unveränderbarkeit sogar in den Namen seines Unternehmens geschrieben: *Semper Idem Underberg*. *Persil*, *Aspirin*, *Miele*, *Mercedes*, *Vorwerk* – hat sich am Kern dieser Marken etwas geändert? Nicht wirklich!
4. Marke ist geronnene Zeit – Erfahrung, Bewährung, Vertrauen. Im Hauruck geschaffene Marken hingegen sind wie zu schnell gewachsene Bäume. Im Sturm fallen sie. Diese Eigenschaft starker Marken bildet einen mit Geld nicht angreifbaren Schutz. Als *Coca-Cola* 1985 *Classic Coke* vom Markt nehmen und durch *New Coke* ersetzen wollte, formierte sich die Vereinigung der »Old Coca-Cola Drinkers of Amerika« und erzwang die Beibehaltung. Diese Verbraucher woll-

ten sich einfach nicht ihrer Kindheits- und Jugendträume berauben lassen. Niemand kann solche Prägungen mit Geld kaufen.

5. Marke ist aber auch Geld. Nicht allein Bekanntheit, nicht Marketing- oder Werbepreise, nicht »Coolness« oder »Hype«! Die letztlich relevante Frage lautet, ob der Kunde bereit ist, für meine Marke spürbar mehr zu zahlen oder bei Preisgleichheit meine Marke vorzieht. Das ist der Härtetest! Für diesen gibt es knallharte Beispiele: Der *Toyota Corolla* und der *General Motors Geo Prizm* sind baugleich, beide werden in der gleichen Fabrik in Fremont, California, zusammengebaut. Der einzige Unterschied besteht im Markenzeichen. Doch der *Corolla* wurde in den USA zu 9 000 Dollar eingeführt und verkaufte 200 000 Stück pro Jahr, der *Geo Prizm* kostete nur 8 100 Dollar, also 10 Prozent weniger, brachte es aber lediglich auf einen Absatz von 80 000 Einheiten. Der Gebrauchtwagenpreis des *Corolla* lag gar um 18 Prozent höher als der des *Geo Prizm*. Das sind knallharte, vom Markt bewiesene Markenwerte, und nur solche Werte zählen.

6. Auch Händler haben heute Marken. Marke ist längst keine Domäne der Hersteller mehr. *Aldi* ist längst eine Marke, auch wenn die Markenartikelhersteller das geflissentlich verdrängen. Genauso haben *IKEA*, *H&M*, *Fielmann* oder *Starbucks* Markencharakter. Weitere aggressive Anbieter wie *Media Markt* oder *Saturn* sind auf einem guten Weg, echte Marken zu werden. Die genannten Handelsunternehmen (und viele andere) besetzen zunehmend klare und scharf abgegrenzte Positionen im Kopf des Kunden. Auf die Frage, was sie mit solchen Namen verbinden, geben viele Verbraucher prägnante Antworten, etwa im Fall *Fielmann* »nichts dazugezahlt«. Diese Firmen haben ihre konkreten Botschaften mit Erfolg eingeprägt. Und sie bieten die Waren, die Einkaufserlebnisse, die diese Botschaften bestätigen. Der Prozess des Information-Chunking ist bei ihnen weit fortgeschritten.

7. Eine weitere Gruppe gesellt sich zu den klassischen Markenartiklern, die Hersteller von Industriegütern. *Intel* dürfte heute das bekannteste Beispiel für erfolgreiche Markenpolitik eines Komponentenherstellers sein. In ähnlicher Weise hat es *Gore-Tex* geschafft, ein Laminat aus PTFE bis hin zum Endverbraucher als Marke zu positionieren. Der

Bergwanderer kauft ihn den Anorak nicht, weil er von *Schöffel* ist – immerhin der größte Hersteller von Freizeitkleidung in Deutschland –, sondern er kauft ihn wegen des *Gore-Tex*-Anhängers. Niemand sage, man könne Rohstoffe nicht zu Marken machen. Allerdings hatte *Gore-Tex* mehrere entscheidende Voraussetzungen für seinen Erfolg: Die Firma war Pionier und besaß lange Zeit ein überlegenes Produkt. Für innovative Industriegüterfirmen wie *Gore* und *Intel* beinhaltet die Markenpolitik große Chancen. Sie muss allerdings mit vollem Commitment und über lange Zeiträume betrieben werden. Das erfordert ein Denken, das für solche Firmen revolutionär ist.

Doch wie viele so genannte Marken bestehen den Härtetest der aufgeführten Kriterien? Bei Lebensmitteln, Gebrauchsgütern, Banken, Mobiltelefonen, Ferienreisen, Industriegütern? Die Luft wird zunehmend dünner, da sich Substanz und Qualität nicht ausreichend differenzieren. Es gibt viel mehr Pseudomarken als wirkliche Markenartikel. Warum? Weil Qualität, Design, Service und Positionierung austauschbar sind und damit die fundamentalen Kriterien der Marke nicht erfüllt werden. Damit kommen wir zum Kern. Die Marke an sich ist nichts, sie macht den Kern nur sichtbar und transportiert ihn in den Kopf des Kunden. Stimmt der Kern, dann bietet die Marke eine einmalige Chance. Stimmt der Kern nicht, dann bleibt auch die Marke Illusion.

Quo vadis Vertrieb?

Wohin geht der Vertrieb? Was ist die größte Änderung seit 1990? Diese Fragen stellte ich einigen Vertriebsleitern aus unterschiedlichen Branchen. Die Antworten fielen nahezu einhellig aus: Der Verkaufsdruck hat enorm zugenommen. Alle sehen sich heute unter weitaus stärkerem Zwang, Umsatz zu machen. Warum ist das so? Dahinter steht als wichtigste Ursache das Ungleichgewicht zwischen Angebot und Nachfrage. Irgendwie scheinen Vertrieb und Produktion aus den Fugen geraten. Das gilt nicht nur für Autos und Konsumelektronik, sondern in fast noch stärkerem Maße für Dienstleistungen wie Banken oder Versicherungen. Das Ungleichgewicht ist auch keineswegs nur eine Krisenerscheinung, sondern ein Dauerproblem.

Es kommt ein weiterer Faktor hinzu, der den Druck noch erhöht: die Kostenstrukturen. In zunehmend mehr Bereichen sind die Fixkosten extrem hoch, die variablen Kosten hingegen sehr niedrig, oft sogar gegen null gehend. Beispiele sind Software, Pharmazeutika oder Content, der über das Internet vertrieben wird. Was ist die Konsequenz? Druck auf die Menge und damit auf den Vertrieb. Egal, wie wenig ein Produkt mit Grenzkosten von null kostet, es bringt immer noch einen Deckungsbeitrag und mindert damit die Fixkostenlast. Jeder versucht mit Gewalt, in hohe Mengen zu kommen.

Wird sich das wieder ändern? Gibt es ein Zurück in die Vergangenheit? Die Antwort ist ein eindeutiges »Nein«. Natürlich wird es immer wieder Zeiten mit boomender Nachfrage geben, doch die Produktionskapazitäten ziehen äußerst schnell nach, siehe den Handyboom Ende der Neunziger und die Folgen bis heute.

Value-Selling

Wie steht es um die inhaltlichen Anforderungen an den Verkauf? Hier möchte ich zwei Aspekte beleuchten: Value-Selling und Systemangebote. Jack Welch hat über das 21. Jahrhundert gesagt, es werde das »value century«. Damit meinte er, dass nur Firmen, die echten »value-to-customer« bieten, eine Chance haben, überdurchschnittlich profitabel zu sein. Ich möchte das noch pointierter formulieren: Deutsche Firmen haben im internationalen Wettbewerb nur die Option einer Value-Strategie. Das Motto für normale deutsche Firmen muss lauten: »Value, value, value!« Beispiele wie *Porsche*, *BMW*, *VW*, *Bosch* oder *Heidelberger Druckmaschinen* zeigen, welche Erfolgspotenziale in dieser Strategie stecken. Nun stellt eine Value-Strategie nicht nur an die Ingenieure, sondern auch an die Vertriebsleute höchste Anforderungen. Denn Value ist schwerer kommunizierbar als Preis. Und Value wird zunehmend intangibler. Das heißt, Value ist nicht durch harte Produktvorteile wie etwa Qualität belegbar, sondern steckt zunehmend in weichen Komponenten wie Marke, Image, Service, Beratung oder Kompetenz.

Wie schafft es der Verkäufer, höheren Value zu transportieren? Die Antwort ist klar: Er muss selbst besser sein. Auch im Hinblick auf die eigene Qualifikation ist Value-Selling wesentlich anspruchsvoller als Price-Selling oder Commodity-Selling. Der Verkäufer muss besser über das Produkt, aber auch besser über den Kunden informiert sein. Im Business-to-Business stellen wir beispielsweise fest, dass der Verkäufer die Wertschöpfungsprozesse seiner Kunden sehr tiefgehend verstehen muss. Denn nur dann kann er echten Kundennutzen in Form von Zeiteinsparung, glattem Produktionsverlauf oder höchster Prozessstabilität liefern. Genauso muss ein Vermögensberater für anspruchsvolle Kunden versiert sein in allen Finessen des internationalen Anlagegeschäfts.

Werden die heutigen Verkaufsmannschaften diesen Anforderungen gerecht? Mitnichten! Die Qualifikation läuft den Anforderungen weit hinterher. Noch gravierender wird diese Qualifikationslücke im Hinblick auf Systemangebote. Und gerade hier sehen viele Branchen den Königsweg. Unter dem Stichwort »Multi Utility« setzen Maschinen- und Anlagenbauer genauso auf dieses Pferd wie Finanzdienstleister oder Energieversorger. Doch die Realität sieht eher düster aus. Ein Beispiel: Die Kundenberater einer Bank und einer Versicherung, die fusioniert haben, beherrschen einfach nicht das gesamte Spektrum der Anlage- und Versicherungsprodukte und stoßen auch hinsichtlich ihrer Lernfähigkeit an Grenzen. Die meisten Allfinanzangebote werden an dieser beschränkten Kompetenz scheitern.

Preis als Waffe

Wir reden so oft von Value – das ist ja ein durchaus erfreuliches Gebiet –, wie aber steht es um den Preis? In mehrfacher Hinsicht ist hier eine differenzierte Sicht angezeigt. Denn wenn es scheinbar nur um den Preis

geht, dann stimmt meistens auf der Value-Seite etwas nicht. Ein Preisproblem ist selten nur ein solches, fast immer steckt mehr dahinter. Und solche tieferliegenden Probleme kann der Vertrieb natürlich – wenn überhaupt – nur begrenzt reparieren und ausbügeln. Zu oft wird der Vertrieb
in dieser Hinsicht missbraucht.

Im Übrigen trifft es nicht zu, dass der Preiswettbewerb überall zunimmt. Im Gegenteil, gerade in den letzten Jahren haben wir große Erfolge in den höheren Preislagen erlebt. Viele Luxusprodukte sind sehr erfolgreich. Echte Innovationen im Pharmabereich erreichen heute
phantastische Preise. Die Autohersteller setzen sehr stark auf gehobene
Segmente und haben damit Erfolg. Einige verlagern das Verkaufsgespräch bewusst vom Preis auf das Produkt. Ein Beispiel ist *General Motors* Tochter *Saturn*. *Saturn* hat die Händlermargen radikal gekürzt. Es
gibt keine Rabatte mehr. Die Folge: Das Verkaufsgespräch verlagert sich
vom Preis auf das Produkt. Die Verkäufer werden zum Value-Selling regelrecht gezwungen. Wenn man den amerikanischen Automarkt kennt,
ist das eine Revolution. Und meines Erachtens wäre das auch ein gutes
Rezept für manch andere Branche.

Es wäre aber unrealistisch, die Existenz und Zunahme eines extrem
harten Preiswettbewerbs zu leugnen. Wer kann mit niedrigen Preisen gewinnen? Zunächst möchte ich betonen, dass es sehr schwer ist, mit Bil-
ligpreisen dauerhaft Geld zu verdienen. Das schaffen nur Unternehmen,
deren ganzes Geschäftssystem auf minimale Kosten ausgerichtet ist. Zusätzlich müssen diese Firmen eine Kultur extremer Sparsamkeit, ja
Knauserigkeit haben. Die Komplexität der Produkte und des Sortiments
hat ebenfalls Auswirkungen auf den Verkauf. Komplexität im Produkt
erzeugt Komplexität im Verkauf. An allen Bahnhofsschaltern finden Sie
Kunden, die die Verkäufer minutenlang beschäftigen. Fragen über Fragen, komplizierte Angebote, Buchungsrestriktionen – das alles können
die armen Verkäufer kaum noch bewältigen. Und gleichzeitig leidet die
Effizienz, da der Verkauf einfach zu lange dauert. Eine Fahrkarte kostet
vielleicht 20 oder 50 Euro. Aber wenn der Verkauf schon fünf bis zehn
Minuten dauert, dann ist der Profit weg.

Internet und Globalisierung

Am Internet kommt man im Kontext des Verkaufsthemas nicht vorbei. Im Internet gibt es eine Asymmetrie zwischen Wertkommunikation und Preiskommunikation. Für die Wertkommunikation ist der persönliche Verkauf unschlagbar. Eine enorm wichtige Wirkung des Internet, die heute noch völlig unterschätzt wird, besteht in der besseren Information des Kunden. Der Kunde der Zukunft wird viel besser informiert in das Verkaufsgespräch kommen. Daraus erwachsen wiederum höhere Anforderungen an den Verkäufer. Berater in Banken können ein Lied davon singen. Dieser Effekt durchzieht alle Lebensbereiche. Manche Patienten sind heute besser informiert als ihre Ärzte. Bewerber wissen heute nahezu alles über ein Unternehmen.

Das Internet verändert natürlich auch die Führung von Außendiensten. Ein Unternehmensvorstand kann mit einem Knopfdruck – zu Kosten von null – eine E-Mail an alle Mitarbeiter senden, egal wo sie sind. Für die Steuerung dezentraler, regional verstreuter Organisationen ist dies ein Trauminstrument, genauso für den Austausch von Informationen zwischen allen Beteiligten, insbesondere den Leuten an der Verkaufsfront. Das Internet macht es möglich, rund um die Uhr weltweit ein permanentes Verkaufsmeeting abzuhalten, in dem Fragen und Antworten ausgetauscht werden. Das gilt natürlich genauso für den Informations- und Erfahrungsaustausch zwischen den Kunden.

Das Thema Globalisierung berührt den Vertrieb in vielfacher Hinsicht. Die Globalisierung hat gerade erst begonnen: Im Jahr 1900 hatten wir weltweit 6 US-Dollar Export pro Kopf, 1980 waren es 500 US-Dollar und heute liegt der Pro-Kopf-Export bei 1 000 US-Dollar. Meine Prognose ist, dass dieser Wert in den nächsten 20 Jahren auf 2 000 US-Dollar steigen wird. Hinter diesen Entwicklungen stecken gigantische Herausforderungen an den Vertrieb. Die mentale Internationalisierung steht dabei wohl an erster Stelle, das heißt vor allem Kenntnisse in anderen Sprachen und zu fremden Kulturen. Dazu gehört die Schaffung länderübergreifender Verkaufsorganisationen – ein ganz heißes Thema. Die vielleicht schwerste Hürde ist die Schaffung einer internationalen Unternehmenskultur. Nur ein Unternehmen, das für die besten Verkäufer aus unterschiedlichen Ländern attraktiv ist, wird im weltweiten Wettbewerb gewinnen.

Image des Verkäufers

Nach all den Änderungen muss man auch fragen, was sich nicht geändert hat. Was sind die Konstanten im Vertrieb? Und hier wird die Antwort nicht überraschen. Der Mensch hat sich nicht geändert, womit auch die Anforderungen an Führung, Identifikation und Motivation im Wesentlichen die gleichen bleiben. Hier will ich besonders auf einen Aspekt eingehen, der mir zu kurz zu kommen scheint: die Auswahl geeigneter Mitarbeiter. Frederick Taylor wird gewöhnlich mit dem Taylorismus verbunden. Was er aber vorab gesagt hat, wird meistens unterschlagen, dass es nämlich auf die Auswahl der richtigen Mitarbeiter ankommt. Die Menschen sind nur sehr beschränkt veränderbar. Entscheidend sind Talent, Neigung und Persönlichkeit.

Nun setzt die richtige Auswahl voraus, dass man die richtigen Bewerber bekommt. Und hier sehe ich nach wie vor ein gigantisches Problem, nämlich die mangelnde Attraktivität des Verkaufs für fähige, junge Leute. Mein Eindruck ist, dass sich an diesem uralten Problem nichts geändert hat. Ein beispielhafter Eindruck: Ich besuchte den Vorstand eines großen Chemieunternehmens, einen promovierten Chemiker. Wenn er von den Verkäufern seines Unternehmens sprach, benutzte er den Ausdruck »Verklopper«. Ich denke, das sagt alles.

Was sind die Ursachen dieses schlechten Images des Verkäuferberufs? Ich habe hierauf keine einfache Antwort, aber wage einige Hypothesen:

- Junge Leute haben keine Ahnung, was ein Verkäufer eigentlich tut. Sie leiten ihr Bild von dem »Klinkenputzer« ab, den es faktisch heute nicht mehr gibt.
- Es gibt eine Angst vor dem Verkaufen und dem Umsatzdruck. Diese ist allerdings nicht spezifisch, sondern sehr nebulös und insofern schwer bekämpfbar.

• Der Verkäuferberuf zieht häufig Leute an, die eher als »Showhorses«
denn als »Plowhorses« gelten. Das Image dieses Verkäufertyps färbt
negativ auf den Verkäuferberuf ab.

In der Führung von Verkäufern sehe ich die richtige Incentivierung als
große Herausforderung an. Die Zielsysteme des Gesamtunternehmens
und des einzelnen Verkäufers müssen besser in Einklang gebracht werden. Das gilt sowohl für strategische als auch für taktische Ziele. In diesem Bereich sehe ich große Potenziale für die Zukunft. Dabei spielen
ausgefuchste Informationssysteme eine entscheidende Rolle. Im Fazit
bleibt also über die Zukunft des Vertriebs zu sagen: Im Vertrieb ändert
sich fast alles, nur das Entscheidende bleibt gleich.

Dritte Front: Der Preis

Der Gewinn wird von drei Faktoren getrieben:

1. den Kosten,
2. der Absatzmenge und
3. dem Preis.

In den letzten Jahren wurden ungeheure Mühen darauf verwendet, die
Kosten zu senken. Die erzielten Erfolge sind beeindruckend, obwohl
der Druck aufgrund ungünstiger Bedingungen anhält. Auch die Anstrengungen zur Ausweitung der Absatzmenge wurden in vielen Unternehmen erheblich intensiviert, wobei die Globalisierung eine herausra-
gende Rolle spielt. Im Vergleich zu diesen beiden Aktionsfeldern wird
der dritte Gewinntreiber, der Preis, in Bezug auf Professionalität, Einsatz von Managementressourcen und Konsequenz in der Umsetzung
nach wie vor stiefmütterlich behandelt. Doch zunehmend beobachten
wir den Aufbruch an diese dritte Front, denn der Preis rückt verstärkt
in den Mittelpunkt des Interesses von Topmanagern.

Aggressiver Preiswettbewerb

In einer Befragung von mehreren hundert Führungskräften stand der
Preis in der Sorgenskala an erster Stelle. In meiner mehr als 30-jährigen
Beschäftigung mit Preispolitik und Preiswettbewerb habe ich noch nie so
erbitterte Preisschlachten erlebt wie in der jüngsten Vergangenheit. So
heißt es in Pressemeldungen, *Aldi* solle angeblich »eine halbe Milliarde
Mark in die Preise stecken«, um den Konkurrenten das Leben zu er-
schweren. Diese machten den Preiskampf mit. Um nicht Marktanteile zu
verlieren, holen sie sich die schrumpfenden Deckungsbeiträge durch
verstärkten Druck auf ihre Lieferanten zurück. »Autoverleiher graben
sich gegenseitig das Wasser ab«, zu Preisen, »mit denen man einfach kein
Geld mehr verdienen« kann. Mit provokativen Sprüchen wie »Geiz ist
geil« wirbt ein Elektronikhändler. Der Wegfall des aus dem Jahr 1933
stammenden Rabattgesetzes im Jahre 2001 hat den Preiswettbewerb auf
neue Höhen getrieben und wird ihn in Zukunft weiter verschärfen.

Der Preisdruck auf industrielle Zulieferer ist historisch ohne Beispiel.
Beim Kampf um industrielle Großaufträge zeigen sich die Preise nach un-
ten äußerst flexibel. So wurde die Kalkulation für die Baukosten eines
Kraftwerks von ursprünglich 180 Millionen Euro auf 85 Millionen. Euro
heruntergedrückt. Ein Maschinenbauer erreicht trotz hervorragender
Auslastung gerade die Break-Even-Schwelle. Auf die Frage nach dem Warum antwortet der Vorstandsvorsitzende resigniert: »Die Preise, die
Preise! Wir sind einfach nicht in der Lage, gewinnbringende Preise durchzusetzen. Es gibt immer wieder einen Verrückten, der zu unglaublichen
Preisen anbietet.« Ein Chemievorstand beklagt sich, dass trotz wochen-
langer Lieferzeiten Preiserhöhungsversuche scheitern. Er hat schon mehrfach seine Verkäufer ins Gebet genommen, doch ohne nennenswerten Erfolg. Die gesamtwirtschaftlichen Inflationsziffern scheinen ihn zu
bestätigen – so habe seine Preismisere wenigstens eine erfreuliche Seite,
bemerkt er sarkastisch.

Die hinter diesen Entwicklungen stehenden Faktoren sind bekannt,
wenn sie auch je nach Branche unterschiedliches Gewicht besitzen: An-
gleichung und Austauschbarkeit der Produkte, Konkurrenten, die primär

über aggressive Preise verkaufen, knappe Kaufkraft und damit zunehmende Preisempfindlichkeit großer Verbrauchergruppen, verschärftes industrielles Einkaufsverhalten und Internationalisierung. Es ist eine Illusion zu glauben, dass der von diesen Faktoren ausgehende Druck nachlassen wird. Sehr wahrscheinlich wird das Gegenteil eintreten. An der dritten Front sollte man sich warm anziehen, der dort wehende Wind wird immer eisiger.

Was steckt hinter dem Preisproblem?

Es gibt keine einfachen Lösungen und Patentrezepte. Dennoch beobachtet man Gemeinsamkeiten in den Problemen, aus denen sich wichtige Einsichten und Empfehlungen ableiten lassen.

Als Erstes ist festzustellen, dass ein Preisproblem nie ausschließlich ein Problem des Preises ist. Vielmehr liegen die Ursachen meist in anderen Feldern: Ein früherer Wettbewerbsvorteil ist erodiert, die Kunden achten stärker als früher auf den Preis, ein preisaggressiver Konkurrent tritt neu auf den Plan oder ein bisher geordnetes Verhalten der Branche gerät aus dem Ruder. Wenn die Ursachen anderswo liegen, ist es ein Fehler, auf solche Probleme mit undifferenzierten Preissenkungen zu reagieren. Denn meist treibt man damit nur das gesamte Preisniveau und die Gewinne in den Keller.

Richtig ist hingegen, bei den spezifischen Wurzeln des Problems anzusetzen. Das jedoch erfordert in den meisten Unternehmen eine erhebliche Professionalisierung der Preispolitik. Der Preis ist letztlich nicht mehr als ein Reflektor des Werts von Produkten und Dienstleistungen. Um den Preis richtig beurteilen und setzen zu können, muss man folglich die Werte der eigenen und der Konkurrenzangebote genauestens kennen. Professionelles Pricing erfordert deshalb eine Wertquantifizierung beim Kunden. Während jede ernst zu nehmende Firma ihre technischen Leistungsparameter voll im Griff hat und auch die Parameter der Konkurrenzprodukte kennt, ist das Wissen um die von den Kunden wahrgenommenen Werte und Nutzen auf einem erschreckend niedrigen Stand. Nur äußerst wenige Firmen sind heute in der Lage, diese Aspekte abgesichert quantitativ zu bewerten. In mehr als 90 Prozent aller Unternehmen entstammen diese Informationen primär dem Bauch- und Fingerspitzengefühl. Im Vergleich dazu werden die internen Kostendaten bis in die letzte Verästelung ziseliert! Es ist völlig unzweifelhaft, dass durch diese einseitige Gewichtung gigantische Gewinnpotenziale verspielt werden.

Economies-of-Scale können zum Beispiel gering sein, wenn man sie mit den Deckungsbeitragswirkungen höherer Preise vergleicht. Kürzlich ging es in dem Fall eines Waschmaschinenherstellers um die Frage, ob es besser sei, eine Maschine zu 750 Euro anzubieten und 500 000 Stück zu verkaufen, oder ob man preisaggressiv zu 600 Euro offerieren und einen Absatz von 700 000 Einheiten anstreben solle. Die Produktionsleute argumentierten mit enormen Economies-of-Scale, auch die Strategen favorisierten die aggressive Mengenstrategie. Lediglich ein junger, sehr nüchterner Controller zeigte anhand einer einfachen Rechnung, dass kein halbwegs realistisches Mengenszenario den Deckungsbeitragsunterschied von 150 Euro wettmachen kann. Wie viele andere sollte sich dieses Unternehmen darauf konzentrieren, seine Maschinen so »wertvoll« zu machen, dass der Verbraucher den höheren Preis akzeptiert. Und meinen Erfahrungen nach fahren gerade deutsche Firmen sehr viel besser auf der »Wertschiene« als mit Preisaggressivität. Das alles erfordert aber auch eine realistische Haltung zu eventuellen Verlusten von Nutzenvorteilen. Denn wenn der Nutzenvorteil für den Kunden verschwindet, ist auch das Preispremium nicht mehr zu halten.

Professionelles Pricing beginnt schon früher

Diese Überlegungen implizieren, dass Preispolitik schon bei der Produktentwicklung beginnt. Ein falsch konzipiertes Produkt ist preispolitisch nicht zu retten. Möglichst früh in der F&E-Phase müssen deshalb Zielpreise und Zielkosten festgelegt werden. Idealerweise hat schon hierbei der Kunde das Wort. Bei einem neuen Automodell sollte zum Beispiel berücksichtigt werden, welchen Kundennutzen Parameter wie Höchstgeschwindigkeit, Beschleunigung, Design, Benzinverbrauch oder Umweltorientierung in Zukunft erzeugen. Die Ingenieure sollten dann Höchstleistungen bei denjenigen Parametern anstreben, die am stärksten zum Kundennutzen beitragen. Dies sind aber nicht immer die Faktoren, die die Ingenieure am meisten reizen. Wer hier jedoch richtig liegt, der erlebt später kein Waterloo an der Preisfront.

Wie unterschiedlich Konsumenten den Nutzen ähnlicher Produkte beurteilen können, belegt das Beispiel der Kette *Starbucks*, die in Asien Kaffee zum Drei- bis Fünffachen des Preises lokaler Coffeeshops verkaufen. *Gillette* fordert für sein »Mach 3«-Modell einen Preis, der um 50 Prozent höher liegt als der Preis des bisher teuersten *Gillette*-Produkts. Dennoch hat *Gillette* den höchsten Marktanteil seit 1962. Dies zeigt: Wenn der Nutzen stimmt, zahlen die Kunden auch höhere Preise.

Schließlich sei erinnert, dass die Musik im Pricing in der Differenzierung spielt. Die Preisbereitschaften der Kunden werden immer unterschiedlicher. »Weg von Einheitsprodukt und Einheitspreis« muss deshalb die Devise lauten. Theoretisch gesprochen hat das Gewinnpotenzial immer die Form eines Dreiecks. Mit einem Einheitspreis schneidet man aus diesem Dreieck zwangsläufig nur ein Rechteck heraus und verschenkt damit einen Großteil des möglichen Gewinns. Dieser lässt sich nur mit raffinierter Differenzierung realisieren, die jedoch eine weit bessere Informationsbasis und ausgefuchste Taktiken wie Nonlinear Pricing, Preisbündelung, Mehrpersonen-Pricing oder Ähnliches erfordert.

Last, but not least entscheidet sich das Schicksal Ihrer Preispolitik bei den richtigen Pricing-Prozessen. Aber gerade hier mangelt es leider an Professionalität. Wer hat schon wirklich durchdachte Prozesse für die Preisbildung? Sind die notwendigen Informationen zur richtigen Zeit verfügbar? Sind die Zuständigkeiten klar geregelt? Wer setzt kontinuierlich und systematisch »Signale« im Markt ab, die Kunden und Konkurrenten auf lange Sicht mit der Unausweichlichkeit bestimmter Preismaßnahmen vertraut machen und auf diese Weise »weichkochen«. Ist der Außendienst richtig incentiviert, um die Preise zu verteidigen? Oder wird hauptsächlich über Rabatte verkauft – die einfachste und gewinnschädlichste Methode? Und schließlich, wer hält nach beim Preis-Monitoring? Es gibt viel zu tun.

An der dritten Front, dem Pricing, lauern viele Gefahren, aber es winken auch große Chancen. Gehen Sie deshalb diese Front mit dem gleichen Einsatz an, mit dem Sie bisher die Kosten herunter und den Absatz hoch getrieben haben. Die Kasse wird klingeln – und zwar sofort.

Kapitel 9
Die strategische Bedeutung des Service

Servicewüste

Kürzlich besuchte mich ein amerikanischer Kollege. Da er drei Wochen unterwegs war, hatte er mehrere schwere Gepäckstücke dabei. Ich fuhr ihn am späteren Abend mit seinem Gepäck zu einem Hotel einer bekannten und renommierten Kette. Doch dort standen wir allein und verlassen; weit und breit war kein Gepäckträger, kein dienstbares Wesen in Sicht. Wir schleppten schließlich die Koffer in das Zimmer. Der amerikanische Kollege verstand die Welt nicht mehr, denn das Gleiche hatte er schon im Frankfurter Flughafen, bei der Bahn und in anderen Hotels erlebt. Dass wir gleichzeitig mehr als vier Millionen Arbeitslose haben, war für ihn völlig unverständlich.

In der Tat gibt es andere Service-Welten. Kurze Zeit vor dem obigen Erlebnis nahm ich an einer Tagung in Boston teil. Im Flughafen dort gab es zahlreiche Serviceleute und vor dem Tagungshotel warteten fünf Gepäckträger, um den ankommenden Gästen zu helfen. In der Tiefgarage nahmen Bedienstete das Auto in Empfang, parkten es und fuhren es auf Anruf vom Zimmer wieder vor. Von solchen Zuständen können Hotelgäste in Deutschland nur träumen.

Auf ähnliche Servicewüsten trifft man bei uns in nahezu allen Lebensbereichen. Suchen Sie doch einmal jemanden, der Ihren Garten zu einem erschwinglichen Preis pflegt! Jeder kennt das wochenlange Warten auf Handwerker, die, sofern sie endlich kommen, über Arbeitskräftemangel klagen. Selbst in den neuen Bundesländern berichten Handwerks- und Gastronomiebetriebe, dass sie keine Mitarbeiter fänden. Auch in Pflege-berufen und in Tätigkeiten mit wechselnden Einsatzorten oder -zeiten (typisch für viele Dienstleistungen) herrscht nachhaltiger Mangel an qualifiziertem Personal.

Deutschland – eine Servicewüste? Die Antwort ist ein dezidiertes »Ja«! Das Fehlen angemessener Dienstleistungen mindert die Lebens-qualität, erschwert insbesondere für ältere Leute das Zurechtkommen, führt zu suboptimalem Einsatz von Ressourcen und hat vor allem kata-strophale Auswirkungen auf unsere Beschäftigungssituation – jetzt und noch stärker in der Zukunft. Denn die Kehrseite der Servicewüste sind die vier Millionen Arbeitslosen.

Von der Industrie- zur Servicegesellschaft

Es ist illusorisch zu glauben, dass alle von der produzierenden Industrie massenweise Freigesetzten wieder industrielle Arbeitsplätze finden. Ent-weder wir schaffen für diese Menschen im Dienstleistungsbereich Arbeit, oder wir müssen sie auf Jahre unproduktiv als Arbeitslose, Sozialhilfe-empfänger oder Frührentner durchfüttern. Eine einfache Beispielrech-nung illustriert die Realität auf drastische Weise: In der Automobilindus-trie steuern die produktivsten Unternehmen auf eine Produktion von 100 Autos pro Fabrikarbeiter zu. Wir produzieren in Deutschland mehr als fünf Millionen Autos. Für deren Produktion brauchen wir in Zukunft also lediglich circa 50 000 Leute! Der bevorstehende radikale Wandel ist für uns genauso schwer vorstellbar, wie es die heutige Welt für einen An-gehörigen der agrarischen Gesellschaft des 19. Jahrhunderts wäre.

Die sich aufdrängende und ständig diskutierte Frage, ob denn über-haupt genügend Arbeit für so viele Menschen zu beschaffen sei, ist ent-schieden mit »Ja« zu beantworten.

Warum sind wir nicht in der Lage, den Übergang von der Industrie-zur Servicegesellschaft schneller zu bewältigen und damit ungeheure Ar-beitsplatzpotenziale effektiver zu realisieren? An erster Stelle ist das bekannte Kostenargument zu nennen. Arbeit ist bei uns einfach zu teuer. Und zwar zu teuer in Relation zur Wertschöpfung, die – ob wir das wollen oder nicht – in vielen Dienstleistungsberufen niedriger ist als in der hochkapitalintensiven Produktion. Der Fluggast ist eben nur bereit, für das Gepäcktragen drei oder fünf Euro zu zahlen, nicht jedoch 10 Euro. Damit kann der Gepäckträger keine Wertschöpfung von 30, 40 oder 50 Euro pro Stunde erreichen, die notwendig wären, um ihm nach Lohnnebenkosten und Steuern einen akzeptablen Nettostundenlohn zu belassen. Unsere konfiskatorische Belastung der Löhne ist der sichere Killer beziehungsweise Verhinderer von Service-Arbeitsplätzen mit niedriger Wertschöpfung. Und noch einmal: Diese neue Welt mag uns nicht gefallen, aber kommen wird sie dennoch!

Niedriglohn versus Nichtstun

In direktem Zusammenhang mit der niedrigen Nettoentlohnung steht die Tatsache, dass man für Nichtstun mehr bekommt als für Arbeit. Ein Arbeitnehmer mit drei Kindern, der den typischen Nettolohn von 1300 Euro pro Monat (entspricht etwa 9 Euro pro Stunde) erhält, kommt einschließlich Kindergeld und Wohngeld auf rund 1750 Euro. Dieselbe Familie besitzt hingegen einen monatlichen Sozialhilfeanspruch von rund 1850 Euro (Angaben aus dem Strategiepapier des Bundeskanzleramtes, *Frankfurter Allgemeine Zeitung*, 4. Januar 2003, S. 5). Diese Verhältnisse führen jeden Leistungsanreiz *ad absurdum*. Erst recht gilt dies, wenn der offiziell Nichtarbeitende sich noch etwas schwarz hinzuverdient. Das so genannte Abstandsgebot, nach dem Arbeit belohnt werden muss, wird bei uns auf den Kopf gestellt. Niedrig wertschöpfende und damit niedrig bezahlte Arbeit lohnt sich definitiv nicht! Wir ziehen es offensichtlich als Gesellschaft vor, Leute für das Nichtstun zu bezahlen und sie damit der Gemeinschaft zur Last fallen zu lassen, statt ihnen niedrig bezahlte, aber sozial nützliche Arbeit zuzumuten.

Wie ist es möglich, dass sich dieser Zustand, der jedem ökonomisch halbwegs Vernünftigen missfällt, über Jahre hält, ja sogar noch verschlimmert? Denn seit Jahren wachsen die Sozialbudgets kontinuierlich und erreichten 2001 rund 660 Milliarden Euro, wobei das Bruttoinlandsprodukt 2071 Milliarden Euro ausmachte. Eine Ursache liegt meines Erachtens daran, dass unsere politische Klasse zu weiten Teilen mit ökonomischen Illusionisten und Idealisten besetzt ist. Zum anderen hat unser Sozialsystem einen derartigen Grad an Intransparenz erreicht, dass niemand mehr weiß, wie viel jemand tatsächlich netto verdient. Wie kommen wir aus diesem Schlamassel heraus?

Zum einen muss sich Arbeit wieder lohnen. Das heißt im Klartext: Jemand der arbeitet, muss netto mindestens 30 Prozent mehr verdienen als jemand, der nicht arbeitet – bei vergleichbarer Qualifikation. Solange diese einfache Regel verletzt wird, wird das Arbeitsplatzpotenzial im Servicebereich nicht realisiert und Deutschland eine Servicewüste bleiben.

Zum anderen müssen die Systeme radikal vereinfacht werden. Es muss transparent werden, was jemand insgesamt verdient. Die Bürokratie muss gerade bei Niedriglohn-Tätigkeiten radikal reduziert und die Flexibilität maximiert werden. Die Hartz-Initiative geht erste, noch zögerliche Schritte in diese Richtung. Statt also wie bisher unproduktive Arbeitlose durchzufüttern, müsste die Gesellschaft geringere Mittel aufwenden und erhielte gleichzeitig produktive Dienstleister. Wenn das kein Geschäft ist!

Das Image von Service

Schwerer zu ändern als diese Rahmenbedingungen, ist das schlechte Image von Service-Arbeit in Deutschland (gilt für handwerkliche oder körperliche Arbeit generell). Ein besonderes Problem besteht auch darin, dass viele Menschen es ablehnen, scheinbar inferiore Tätigkeiten – wie beispielsweise das Gepäcktragen von anderen erledigen zu lassen. Das ist einerseits verständlich, andererseits bedeutet dies aber auch, dass die entsprechenden Angebote scheitern oder erst gar nicht zustande kommen. So sind zahlreiche Versuche, Gepäckträger in Flughäfen oder Bahnhöfen einzusetzen, mangels ausreichender Nachfrage wieder eingestellt worden. Gerade in einer Situation, in der immer mehr alte Menschen auf

Hilfe durch andere angewiesen sind, kommen einfache Serviceanbieter nicht auf einen grünen Zweig – eine wirklich absurde Servicewüste. Viele Werte unserer Gesellschaft stehen im Widerspruch zu den Erfordernissen der Service-Zukunft. Das wird uns noch große Probleme bereiten.

Die Servicewüste ist genauso wenig naturgesetzlich-gottgegeben wie die überhöhte Arbeitslosigkeit – hoffentlich gilt das auch für die Mauern in den Köpfen aller Beteiligten.

Service: Mensch oder Automat?

Dienstleistung und Service werden traditionell von Menschen ausgeführt und sind somit personal- und kostenintensiv. Wegen dieser Personalintensität ist für die Zukunft ein ständiger Kostenanstieg vorprogrammiert. Diese Situation erzeugt in allen betroffenen Branchen einen starken Druck zur Kostenreduzierung durch Automatisierung von Services. Menschliche Dienstleistung wird durch automatischen Service ersetzt. Neben den mittlerweile am Point-of-Sale oder Point-of-Service allgegenwärtigen Maschinen hat das Internet einen enormen Schub automatisierter Leistungen gebracht.

Wir erleben die Automatisierung der Dienstleistung in starkem Maße im Bankbereich, beim Fahrkarten- und Flugticketverkauf, beim Einchecken im Flughafen, bei elektronischen Zugangskontrollen, bei der Informationsbeschaffung, im Electronic Commerce, im Mobilfunk und bei Navigationssystemen, um nur die wichtigsten Anwendungen zu nennen. Die technischen Möglichkeiten, automatisierte Services zu erbringen, werden durch die intelligente Chip-Karte weiter verbessert. Die Individualisierung der automatischen Dienstleistung wird zunehmend verbessert, die Homepage des Internetdiensts erkennt den Stammkunden sofort, Zeitungsdienste wie *Inadaily.com* bieten individualisierte Kombinationen aus internationalen Zeitungen an. Die Fantasie setzt dem One-to-One-Marketing kaum noch Grenzen.

Der Übergang vom persönlichen zum Automatenservice wird primär unter Kostenaspekten beurteilt. Meist lassen sich massive und klar belegbare Kostenreduktionen erreichen, da Arbeitskräfte eingespart werden. Allerdings gibt es auch Fälle, in denen die Kunden die Automaten nur zögernd oder unzureichend annehmen. Zudem sind die Automaten gerade in der Anfangsphase oft teuer; in Kombination mit niedriger Auslastung kann dies zur Unwirtschaftlichkeit führen. Da nicht alle Kunden die automatisierten Services annehmen, müssen traditionelles und neues System eine Zeit lang oder auf Dauer parallel gefahren werden, was Doppelkosten verursachen kann. Dennoch lässt sich der Trend nicht aufhalten, der Kostenaspekt spricht in der Regel für die Automatisierung des Services.

Kundenbindung und Preiselastizität

Ein Aspekt kommt jedoch bei den Überlegungen zur Automatisierung von Services oft zu kurz: Der persönliche Kontakt geht verloren – ein entscheidendes Element der Kundenbindung. Einen Automaten wechselt man schließlich leichter aus als eine Person, die man kennt und der man bei Empfang der Dienstleistung ins Auge sieht. Wenn man menschliche Servicekontakte beobachtet, so stellt man fest, dass ein erheblicher Teil des Austauschs nicht im engeren Sinne auf die Transaktion bezogen ist, sondern die Personen auf beiden Seiten zum Gegenstand hat. Natürlich ist das unter Kostengesichtspunkten ein Problem, da die Transaktion zu lange dauert. Umgekehrt können sich aber gerade aus solchen Inhalten und Erfahrungen starke Bindungs- und Loyalitätseffekte ergeben. In jeder Verkäuferschulung wird immer wieder betont, wie wichtig es ist, auf den Kunden persönlich einzugehen und die Konversation nicht auf das Produkt zu beschränken. Zwar könnte auch der Automat die Frage »Wie geht es Ihnen heute?« stellen, aber sie hätte für den Kunden keinen Wert. In der vom Menschen erbrachten Dienstleistung steckt ein Mehrwert, den der Automat nicht liefern kann. Umgekehrt kann es sein, dass der Automat – gerade in Stoßphasen – für kürzere Wartezeiten sorgt, etwa beim Einchecken in der Rush-Hour im Flughafen – und damit einen eigenständigen Nutzen liefert.

Ein weiterer Effekt, der oft nicht bedacht wird, besteht darin, dass die Kunden durch die Automatisierung preisbewusster werden können, die Preiselastizität also zunimmt. Gerade bei Internetgeschäften ist dies zu beobachten. Bezüglich des Preises und des Nutzens besteht eine Informationsasymmetrie. Nutzenvorteile sind im Internet meist schwerer zu kommunizieren als Preisvorteile.

Automatisierung und Segmentierung

Wegen dieser komplexen Effekte im Hinblick auf Kosten und Kundenbindung ist ein zu radikaler Übergang vom persönlichen zum automatisierten Service zu vermeiden. Die Tatsache, dass Kundengruppen sehr unterschiedlich auf das automatisierte Angebot reagieren, unterstützt diese Empfehlung. So stellten wir in einer Untersuchung bei einer Bank fest, dass die Bereitschaft, Geld an Automaten abzuheben, sehr stark mit dem Alter korreliert. Junge Leute sind wesentlich eher dazu bereit als ältere Kunden, diesen automatisierten Service in Anspruch zu nehmen. Im Fall einer Direktbank, deren Kunden ihre Geschäfte weitgehend über Internet abwickeln, war es vielen Kunden dennoch wichtig, einen Ansprechpartner zu haben, den sie im Notfall telefonisch erreichen können. Ähnliches stellen wir regelmäßig in industriellen Servicebeziehungen fest. Man sollte deshalb den Automaten möglichst nicht alleine lassen, sondern einen menschlichen Back-up für den Notfall anbieten.

Wichtig ist auch die Unterscheidung zwischen laufenden und neuen Geschäften. Während automatisierte Prozesse bei erfahrenen Direktbankkunden im Wesentlichen reibungslos verlaufen, tun sich diese Banken mit der Gewinnung neuer Kunden schwer. Dies gilt insbesondere für die Vermögensberatung und -anlage. Einige Institute gehen deshalb dazu über, für die Neukundengewinnung spezielle Außendienste, also klassisches Personal-Selling, einzusetzen. Die späteren Transaktionen erfolgen dann jedoch automatisch. Person und Automat haben im Hinblick auf die Gewinnung und das Halten von Kunden höchst unterschiedliche Wirkung.

Dienstleistungsangebot überprüfen

Die Überlegungen zur Umstellung auf automatischen Service sollten auch zum Anlass genommen werden, das Dienstleistungsangebot generell zu überprüfen. Ein selektiveres Vorgehen erscheint notwendig. Unabhängig davon, ob persönlich oder automatisiert, sind natürlich nur solche Services anzubieten, deren Kundennutzen signifikant höher ist als die Kosten ihrer Erstellung. Das setzt eine Messung und Quantifizierung des Kundennutzens voraus. Diese ist in der Praxis zwar schwierig, aber hierzu gibt es moderne Instrumente wie das Conjoint-Measurement, mit dessen Hilfe der Kundennutzen in Euro erfasst werden kann.

Im Fall eines Chemieunternehmens untersuchten wir die insgesamt angebotenen 46 Dienstleistungen bezüglich dieser Kosten-Nutzen-Relation. Es stellte sich heraus, dass bei 22 der heute angebotenen Services die Kosten der Erstellung höher waren als der Kundennutzen. Bei einigen dieser Dienste konnten die Kosten durch Automatisierung unter den Wert des Kundennutzens gesenkt werden, sie wurden deshalb in automatisierter Form angeboten. Bei anderen Dienstleistungen war dies nicht möglich, sie wurden deshalb eliminiert.

Unsere Untersuchungen zeigen, dass Servicequalität außerordentlich komplex ist. Nur wenn die Struktur und die Gewichte der einzelnen Servicefaktoren genau bekannt sind, ist ein professionelles Servicemanagement möglich. Die Automatisierung von Service scheitert dabei oft an mangelndem Verständnis des Kundenverhaltens. So sind Automaten und Homepages häufig in der Bedienung noch zu kompliziert und erweisen sich als teure Investitionsruinen, da sie von den Kunden nicht angenommen werden. Man beobachte diesbezüglich nur einmal das Verhalten von Fahrgästen vor modernen Kartenautomaten.

Neben dem Inhalt hat Service immer die zusätzliche Dimension von Freundlichkeit und individueller Behandlung. Diese Dimension wird unseren Befunden nach immer wichtiger und übertrifft heute schon vielfach den Serviceinhalt. Kein Automat kann jedoch jemals freundlich sein. Dies können nur Menschen. Verloren fühlt sich der Kunde ebenfalls im anonymen Call-Center, wenn er sich durch ein verschachteltes Menü wählen muss, bevor er, nach mehreren Minuten in der Warteschlange, einen Menschen erreicht. Der motivierte Mitarbeiter ist deshalb für guten Service unverzichtbar. Motivierte Automaten gibt es nicht.

Zusammenfassend lässt sich sagen, dass eine voreilige oder zu weitgehende Automatisierung von Dienstleistungen als Antwort auf den Kostendruck unangebracht ist. Vielmehr muss man die Nutzenseite des Kunden gleichermaßen in die Entscheidung einbeziehen. Die Kundenbindungspotenziale, die durch Automaten gefährdet werden, sollten nicht unterschätzt werden. Hierzu ist es jedoch notwendig, den Kundennutzen von Service zu quantifizieren. Nur dann lassen sich Kosten- und Erlöswirkung miteinander vergleichen.

Amerika: Wirklich Servicevorbild?

Eine der Auffälligkeiten der USA besteht in der im Vergleich zu Deutschland sehr viel größeren Dienstleistungsintensität. Allein schon eindrucksvoll ist die schiere Zahl der dienstbaren Mitarbeiter, die man in Hotels, Flughäfen, Restaurants oder im Einzelhandel antrifft. Die offiziellen Statistiken bestätigen diesen subjektiven Eindruck. In den USA arbeiten mittlerweile mehr als 80 Prozent aller Beschäftigten in Dienstleistungsberufen, in Deutschland sind es erst knapp 70 Prozent. Gesamtwirtschaftlich entscheidender ist jedoch, dass die USA ihr Arbeitsplatzproblem vor allem über Wachstum im Dienstleistungsgewerbe zu bewältigen versuchen. Zahlreiche der heute größten amerikanischen Unternehmen wie *UPS*, *Federal Express*, *McDonald's*, aber auch Hotelketten, Softwarefirmen oder Airlines sind typische Dienstleistungsunternehmen.

Bei dieser Betrachtung ist es notwendig, mit dem in Deutschland weit verbreiteten Vorurteil aufzuräumen, dass es sich bei den neuen Dienstleistungsarbeitsplätzen vor allem um äußerst schlecht bezahlte »McJobs« handele. Natürlich fällt ein erheblicher Teil in diese Kategorie, jedoch sind Arbeitsplätze am oberen Ende der Gehalts- und Qualifikationsskala ebenso vertreten. Dienstleister in der Informationstechnologie haben in den letzten Jahren Hunderttausende sehr anspruchsvoller Arbeitsplätze geschaffen. Auch wenn der Boom von IT-Dienstleistungen vom Beginn des Jahrhunderts weltweit abgeebbt ist, so bleiben die Amerikaner in vielen Zukunftsbranchen weltweit führend. Dazu gehören Investmentbanking, Finanzdienstleistungen, Medien, Unterhaltung, Internet-Services, Forschung, Consulting oder Universitäten. In all diesen neuen Dienstleistungssektoren stehen die hohen Qualifikationsanforderungen außer Frage. Man sollte sich bewusst machen, dass Dienstleistungsberufe eine ähnliche Spannbreite wie traditionelle Produktionstätigkeiten abdecken. Auch hier findet man vom hochqualifizierten Mitarbeiter bis zum ungelernten »Handlanger« alle Varianten. Meines Erachtens gibt es keinen überzeugenden Nachweis dafür, dass Dienstleistungen im Schnitt geringere Qualifikationsanforderungen stellen als Produktionsarbeitsplätze.

Von Amerika lernen?

Was können nun deutsche Unternehmen von den amerikanischen Dienstleistern und ihren Erfahrungen lernen? Es gibt in dieser Hinsicht eine Vielzahl von Ansatzpunkten sowohl einzel- als auch gesamtwirtschaftlicher Art.

1. Wir müssen in Deutschland generell eine stärkere Dienstleistungsmentalität entwickeln. Im Hinblick auf Servicebereitschaft, Kundenorientierung und Freundlichkeit können uns die Amerikaner Vorbild sein.
   Diese Aufforderung gilt auch für Industrieunternehmen, die sich in zunehmendem Maße als Dienstleister begreifen müssen. Denn selbst in
   Industriefirmen ist die Mehrzahl der Mitarbeiter heute dienstleistend
   und nicht direkt produzierend tätig. Verkauf, Verwaltung, Training,
   Instandhaltung, Forschung und Entwicklung in Produktionsbetrieben
   sind schlicht Dienstleistungen.
2. Die Bereitschaft, in Dienstleistungsberufen zu arbeiten, hängt nicht
   nur von der Entlohnung, sondern auch von der gesellschaftlichen

Wertschätzung ab. Insofern ist die Zurückhaltung vieler deutscher Arbeitnehmer bei der Annahme einer Arbeit im Dienstleistungsbereich nicht nur eine Frage des Lohnniveaus, sondern auch der Anerkennung und Reputation von Dienen generell. Service ist für Amerikaner nichts Erniedrigendes, sondern wird als wertvoll und nützlich anerkannt, während bei uns dem Service vielfach noch ein Bild der Unterwürfigkeit, Servilität, Minderwertigkeit anhaftet – wahrscheinlich eine Spätfolge unserer feudalen Vergangenheit, von der die Amerikaner frei sind.

3. Man kann von den Amerikanern lernen, völlig neue Märkte zu erschließen. Als Beispiel sei hier der Bürodienstleister *Kinko's* genannt, der rund um die Uhr geöffnete Büroshops betreibt. Die Idee entstand in einer Universitätsstadt daraus, dass Studenten ihre Examensarbeiten meist auf die letzte Minute fertigstellen. Sie müssen die Arbeiten dann während der Nacht kopieren und binden, um sie am anderen Morgen fristgemäß abliefern zu können. In diese Dienstleistungslücke ist *Kinko's* hineingestoßen. Die Firma ist heute überall in den USA vertreten und wird nicht nur von Studenten, sondern auch von Freiberuflern, Gewerbetreibenden, Heimarbeitern und Privaten intensiv in Anspruch genommen.

4. Amerikanische Unternehmen sind äußerst geschickt und professionell in der Herstellung von Prozesssicherheit und Qualität ihrer Dienstleistungen. In dieser Hinsicht können sich nahezu alle deutschen Dienstleister ein Stück abschneiden. Als Musterbeispiel kann *McDonald's* gelten. Der Umfang der Bemühungen wird dabei von nicht branchenkundigen Beobachtern selten voll verstanden. So weiß kaum jemand, dass *McDonald's* bereits vor Jahrzehnten seine berühmte »Hamburger University« gegründet hat und zu den schulungsintensivsten amerikanischen Firmen überhaupt zählt. Professionalität in Dienstleistungen setzt kontinuierliche Investitionen in Mitarbeiterschulung und -motivation voraus.

5. Einhergehend damit sind amerikanische Dienstleister hervorragende Marketingprofis. Sie verstehen es, ein einmal erfolgreiches Konzept vielfach zu multiplizieren und häufig sogar zu globalisieren – und

zwar mit hoher Geschwindigkeit. Ein Beispiel ist die Firma *Starbucks*, die in wenigen Jahren eine weltweite Kette von Coffeeshops aufgebaut hat. Zu dem ausgefuchsten Marketing gehören das rigorose Management einheitlicher Erscheinungsbilder (zum Beispiel die Uniformen von *UPS*), eine konsequente Markenpolitik sowie die regelmäßige Messung der Kundenzufriedenheit. Die Hotelkette *Ritz Carlton* hat aufgrund ihrer hervorragenden Leistungen bei diesen Faktoren sogar den amerikanischen Qualitätspreis gewonnen, der ansonsten praktisch nur an Produktionsunternehmen geht. Die Marketingstrategien typischer deutscher Dienstleister erscheinen im Vergleich dazu deutlich weniger professionell und stark verbesserungsbedürftig.

6. Deutsche Dienstleistungsunternehmen sollten keine Scheu haben, die Strategien der Amerikaner zu studieren und gegebenenfalls zu kopieren. Nichts spricht dagegen, in den USA neue Ideen zu finden beziehungsweise von den besten Praktiken der Welt zu lernen. Immerhin soll Otto Beisheim, der Gründer der *Metro*, das »Cash&Carry«-Konzept aus den USA mitgebracht haben. Ein sinnvolles Lernen setzt allerdings voraus, dass man die Strategien der Amerikaner genauestens untersucht. Denn gerade bei Dienstleistungen entgehen einem bei nur oberflächlicher Betrachtung wichtige Tricks. Nur ein Teil der Erfolgsfaktoren ist direkt sichtbar, sodass ein kurzer Besuch in den USA nicht ausreicht, um einen genügenden Einblick in die Ursachen des Erfolgs zu erhalten. So setzt etwa die für ihre hohe Effizienz bekannte Fluggesellschaft *Southwest Airlines* sehr subtile Methoden wie Team- statt Einzelverantwortung oder Mitarbeiterbeteiligung ein, um eine besonders hohe Motivation ihrer Servicemannschaften zu erreichen. Auch hinsichtlich der Automatisierung von Dienstleistungen kann man von den USA lernen. So waren zum Beispiel Geldautomaten sehr viel früher verbreitet als bei uns. In den USA wird die Automatisierung von Services allerdings weniger von den Kosten als vielmehr von dem Streben nach höherer Serviceverfügbarkeit für den Kunden bestimmt. In jedem Falle ist eine eingehende Untersuchung vor Ort notwendig, wenn man die Strategien der führenden amerikanischen Dienstleister verstehen und von ihnen lernen will.

7. Die beste Methode, selbst zur Weltklasse in seiner Dienstleistungsbranche aufzuschließen, besteht im eigenen Markteintritt in den USA. Nur wer sich diesem härtesten Markt aussetzt und hier besteht, der hat eine Chance, ein global wettbewerbsfähiger Dienstleister zu werden. Dieser Aspekt war für unser Unternehmen *Simon, Kucher & Partners* ein wichtiges Motiv zur Eröffnung eines amerikanischen Büros im Jahr 1996. Ich glaube, dass wir uns im amerikanischen Markt behaupten müssen, wenn wir insgesamt global erfolgreich sein wollen. In dieser Hinsicht sieht die deutsche Bilanz generell äußerst dürftig aus. Unter den bekannten deutschen Dienstleistern sind nur die großen Banken in den USA vertreten, deutsche Verkehrs-, Gastronomie-, Handels- oder Softwareunternehmen zeigen hingegen in den USA nur eine rudimentäre Präsenz. Die wenigen Ausnahmen bestätigen eher die Regel. So arbeitet *SAP* mit Erfolg im amerikanischen Markt. Aber den meisten deutschen Dienstleistern entgehen dadurch, dass sie auf dem amerikanischen Markt nicht vertreten sind, enorme Geschäfts- und Lernchancen.

8. Trotz allen Lobs für die amerikanische Dienstleistungsmentalität zeigen sich allerdings auch Schattenseiten. Häufig haben sie mit der mangelnden Ausbildung und Kompetenz der Mitarbeiter zu tun. So treten große Freundlichkeit und Servicebereitschaft nicht selten zusammen mit geringer Qualifikation und Zuverlässigkeit auf. Probleme, die von den Standardroutinen abweichen, überfordern meistens die Servicemitarbeiter, die dann den Supervisor konsultieren müssen. Auch die Einhaltung von Terminen, Spezifikationen und Zusagen lässt häufig zu wünschen übrig. Deutsche Industrieunternehmen stehen vor großen Problemen, wenn es darum geht, qualifizierte Mitarbeiter für die Wartung und den Kundendienst ihrer Produkte zu finden. Da es eine dem deutschen Facharbeiterbrief vergleichbare Qualifikation in den USA nicht gibt, müssen erhebliche Anstrengungen unternommen werden, um die Mitarbeiter auf den für einen qualifizierten Kundendienst notwendigen Kenntnisstand zu bringen. Die dafür erforderlichen Investitionen sind wiederum wegen der geringen Betriebstreue der Amerikaner mit einem hohen Risiko behaftet. Diese wenig ausgeprägte

Loyalität verhindert auch in vielen amerikanischen Unternehmen eine ausreichende Investition in Servicequalifikation. Sie führt zudem dazu, dass ständig wertvolle Kenntnisse und Kundenbeziehungen verloren gehen. Denn im Service ist die Kontinuität der Beziehung zwischen Kunde und Mitarbeiter besonders wichtig. Der Kunde will nicht jedes Mal das Problem neu erklären, zudem ergibt sich mit jedem Gesichtswechsel die Notwendigkeit, Vertrauen neu aufzubauen.

9. Ein interessanter Weg besteht darin, die amerikanischen und die deutschen Stärken zu kombinieren. Wenn es einem deutschen Unternehmen in den USA gelingt, die amerikanische Kundenorientierung und Freundlichkeit mit der bei uns üblichen Kompetenz und Zuverlässigkeit zu verbinden, dann wird es mit Sicherheit auch in diesem schwierigen Markt erfolgreich sein.

Der Weg von der Produktions- zur Dienstleistungsgesellschaft ist vorgezeichnet und unaufhaltsam. Auf diesem Weg sind die USA ein gutes Stück weiter als Deutschland. Im globalen Wettbewerb spielen die Produktivität und die konsequente Internationalisierung des Dienstleistungssektors eine zunehmende Rolle. Deutsche Unternehmen können und sollten auf dem Weg zur Dienstleistungsweltklasse konsequent von den Amerikanern lernen – allerdings nicht naiv, sondern denkend.

Kapitel 10
Deutsche Widersprüche

Wiederkehr zu fernen Küsten

Den bekannten internationalen Vergleichen zufolge steht es um die Wettbewerbsfähigkeit Deutschlands nicht gut. Doch gilt das auch für die deutschen Unternehmen? Wir reden hier von zwei verschiedenen Dingen, denn viele unserer Firmen sind inzwischen so international, dass ihr Schicksal nur noch partiell vom Zustand Deutschlands abhängt. Bezüglich der Zukunft der besseren Unternehmen bin ich optimistisch. Die deutschen Unternehmen kommen wieder. Sie haben sich in den letzten Jahren für den verschärften globalen Wettbewerb fit gemacht und erobern verlorene Marktpositionen zurück. Doch ihre Wiederkehr vollzieht sich vor allem in fernen Ländern wie den USA oder Asien, an fernen Küsten also.

Die Investitionen und der Arbeitsmarkt in Deutschland werden folglich kaum profitieren. Dennoch ist die Strategie der rigorosen Globalisierung der einzige Weg, den die deutschen Unternehmen gehen können, wenn sie mithalten wollen. Was hat sich in den letzten Jahren geändert und worauf gründet mein Optimismus? Ich sehe gleichermaßen Änderungen in den Einstellungen wie harte betriebswirtschaftliche Fakten.

Neue Managergeneration

Die Führungs- und Durchsetzungsstärke der deutschen Manager hat einen Quantensprung erlebt. Die neue Managergeneration geht härter und entschlossener an die Lösung unaufschiebbarer Probleme heran. Beispiele sind Jürgen Schrempp (*DaimlerChrysler*), Wendelin Wiedeking (*Porsche*), Ulrich Schumacher (*Infineon*) oder Klaus Zumwinkel (*Deutsche Post*). Ebenfalls zahlreich, wenn auch wenig bekannt, sind solche Manager im Mittelstand. Diese Führungskräfte beweisen, dass sich heute in Deutschland Dinge bewegen lassen, die noch vor wenigen Jahren als unverrückbar erschienen. Meines Erachtens wird es in den nächsten Jahren noch ganz anders »rundgehen«. Die größere Durchsetzungskraft ist unverzichtbar, um unsere Schlagkraft wiederherzustellen. Einhergehend damit wird der Einfluss der Gewerkschaften weiter abnehmen, und zwar umso schneller, je stärker sie sich den notwendigen Änderungen entgegenstellen.

Technologische Stärke

In vielen Teilbereichen der Hochtechnologie hat die deutsche Industrie massiv aufgeholt. *Siemens* kann sich in vielen Bereichen mit der Weltspitze messen. *SAP* ist bei industrieller Standard-Software Weltmarktführer. Die Automobilindustrie besitzt im Premiumbereich eine ausgezeichnete Position. Flaggschiffprodukte wie *Transrapid* oder *Airbus* belegen die Innovationsstärke. In allen Fällen gilt, dass weltweit operierende Unternehmen ihre F&E-Aktivitäten nicht aus einer lokalen Perspektive bewerten dürfen. Hier müssen wir realistisch sein: Deutschland, als mittelgroßes Land, kann nicht in allen Technologien mit an der Spitze liegen.

Diese innere technologische Stärke wird zunehmend besser in echten Kundennutzen und in Wettbewerbsvorteile umgesetzt. Hier lag in der Vergangenheit eine besondere Schwäche. Zwar sind die traditionellen Probleme des Over-Engineering und des damit verbundenen »Over-Costing« nicht voll aus der Welt geschafft, aber vieles ist besser geworden. Die Vorgabe von Zielnutzen, Zielpreisen und Zielkosten vor Beginn der Entwicklung ist in den Spitzenfirmen des Automobil- und Maschinenbaus heute gang und gäbe. Die Japaner machen uns hier nichts mehr vor, die Deutschen waren gute Schüler. Wegen der langen Entwicklungs- und Markteinführungszeiten schlagen die positiven Wirkungen allerdings erst langsam durch. Und natürlich ist anzumerken, dass es auch Branchen gibt, in denen die deutsche Industrie früher führende Positionen verloren hat, Pharmazeutika sind das gravierendste Beispiel.

Globale Marktführerschaftsziele

Deutsche Unternehmen verteidigen ihre Märkte verbissener als früher. In den sechziger und siebziger Jahren wurden Märkte oft vorschnell aufgegeben, weil man sie für schrumpfend hielt beziehungsweise glaubte, nicht mehr wettbewerbsfähig zu sein. Typische Beispiele sind Motorräder oder Kameras, in denen deutsche Firmen weltmarktführende Positionen innehatten. Es hat sich gezeigt, dass solche verlorenen Märkte kaum zurückerobert werden können, aber man kann sie halten, wenn man den Anfängen wehrt. Wir haben gelernt, dass man auch die niedrigpreisigen Segmente nicht dem Gegner überlassen darf, da sich sonst die Erosion nach oben fortsetzt. Natürlich gelingt dies nur, wenn man an kostengünstigen Standorten produziert, und die liegen in der Regel an fernen Küsten. Bei hoher Automatisierung können allerdings auch Standorte in Deutschland wieder wettbewerbsfähig werden.

Zahlreiche deutsche Firmen haben ihre Auslandspräsenz massiv verstärkt und halten auf diesem Weg weiter durch. Dies gilt in erster Linie für Nordamerika. Als Beispiele seien die Engagements von *Siemens*, *Bertelsmann* oder *SAP* genannt. Aber auch Investitionen in Asien genießen hohe Priorität, wie etwa die Aktivitäten von *BASF*, *Bosch* oder *Volkswagen* belegen. Zwar schaffen solche Investitionen keine neuen Arbeitsplätze in Deutschland, sie sichern jedoch bestehende ab.

Deutsche Unternehmen haben strategisch dazugelernt und setzen sich zunehmend ehrgeizigere globale Marktführerschaftsziele. Die Autoindustrie, deren Zulieferer, die Chemie und vor allem viele Mittelständler gehen deutlich aggressiver an die Weltmärkte heran. Globale Marktführungsambitionen, wie ich sie in meinem Buch *Die heimlichen Gewinner* (*Hidden Champions*) beschrieben habe, gelten heute für viele deutsche Firmen – für große wie für kleine. Mit expliziten, ambitiösen Zielsetzungen wächst auch die Überzeugung, dass man es schaffen kann. Natürlich werden nicht all diese hochgesteckten Pläne in Erfüllung gehen, aber Erfolg beginnt mit den richtigen Zielen.

Globale Fitness

Ein wichtiges Fundament bildet dabei die Tatsache, dass die mentale Internationalisierung bei uns im Vergleich zu ähnlich großen Ländern weiter fortgeschritten ist. Im internationalen Vergleich besitzen unsere Schüler und Studenten ausgezeichnete Sprachkenntnisse, haben vielfach Auslandserfahrung, und unsere länderübergreifenden Netzwerke sind einzigartig. Dieser hohe Grad an Internationalität wird sich bei der weiteren Eroberung der Weltmärkte als großer Wettbewerbsvorteil erweisen. Eine solche Position ist von anderen großen Ländern genauso schwer aufzuholen wie ein technologischer Rückstand. Entgegen landläufiger Meinung wächst in zumindest einem Teil der jungen Leute ein starker Unternehmergeist heran.

Auch unsere Wettbewerbsfähigkeit hinsichtlich der Kosten ist erheblich gesteigert worden. Deutsche Unternehmen haben in den letzten Jahren massiv rationalisiert. Die Tatsache, dass die deutschen Exporte im Jahr 2002 ein neues Rekordniveau erreichten und dass der deutsche Außenhandel zwischen 1960 und 2002 um das 27fache gestiegen ist, belegt die These gestiegener globaler Fitness. Eine wichtige Rolle, gerade unter dem Kostenaspekt, könnte spielen, dass wir in den zentraleuropäischen Ländern einen »Produktionshinterhof« mit einer sehr interessanten Kombination von Kosten, Qualität und Know-how haben. Die Verlagerung von Produktion in diese Länder kostet uns zwar in Deutschland

Arbeitsplätze, gleichzeitig stärkt sie jedoch unsere globale Position. Denn andere Industrieländer können diese Potenziale aufgrund größerer regionaler oder kultureller Entfernung schlechter nutzen als wir, sind aber letztlich von den Kostensenkungen genauso betroffen.

Das übliche Fragezeichen bei der dauerhaften Wiederherstellung der deutschen Wettbewerbsfähigkeit setzt die Politik. Hier gibt es jedoch eine interessante Ambivalenz. Je unattraktiver das Wirtschaften in Deutschland selbst wird, desto stärker werden die besten deutschen Unternehmen ihre Aktivitäten an ferne Küsten verlagern. Das geht natürlich zu Lasten der Arbeitsplätze und des Wohlstands der in Deutschland Beschäftigten. Die internationale Wettbewerbsfähigkeit deutscher Unternehmen könnte hingegen durch solche Verlagerungen sogar eher gestärkt werden. Nationale und unternehmerische Interessen könnten aus diesem Grund zunehmend auseinander driften.

Die aufgezeigten Entwicklungen werden zu einer Stärkung der Weltmarktpositionen deutscher Unternehmen in den nächsten Jahren beitragen. Nicht zuletzt gründe ich diese optimistische Einschätzung auf die unglaublichen Erfolge der viele *heimlichen Gewinner*, die Vorbild für andere werden können. Warum sollen andere nicht erreichen, was diese mittelgroßen Stars der deutschen Wirtschaft geschafft haben? Wir müssen uns endlich auf unsere Stärken besinnen und diese entschlossener in die Weltmärkte hineintragen. Das muss viel schneller als bisher geschehen.

In diesem Prozess sollten wir allerdings Abschied nehmen von der Vorstellung, dass sich die zukünftige Stärke der deutschen Unternehmen am Standort Deutschland manifestieren wird. Nein, dies wird zumindest für die Produktionsunternehmen überwiegend in fernen Ländern geschehen. In Deutschland müssen wir hingegen den Wandel von der Produktions- zur Dienstleistungsgesellschaft schneller bewältigen, denn nur dann wird es gelingen, das Arbeitsmarktproblem auf ein erträgliches Maß zu reduzieren. Doch langfristig gesehen hat die Verlagerung von Wertschöpfung ins Ausland auch beträchtliche Vorteile: Denn auf diese Weise wird unsere Altersversorgung gesichert, zu der dann im Jahr 2030 junge Arbeitnehmer deutscher Unternehmen in aller Welt beitragen. Die

Globalisierung können wir nicht aufhalten. Wir können nur mit ihr schwimmen und von ihr profitieren – egal ob zu Hause oder an fernen Küsten.

Deutsch, lebe wohl!

Wird es Zeit, dass wir unserer geliebten deutschen Sprache Lebewohl sagen? Zumindest für den Bereich der höheren Bildung, sprich Universitäten und Fachhochschulen, vertrete ich diese Empfehlung mit vollem Ernst und Nachdruck. Zur Begründung darf ich einige Erlebnisse berichten: Auf einer privaten Party in Dubai stammen die meisten Gäste aus angelsächsischen Ländern. Eine junge Dame arbeitet beim *British Council*. Sie erklärt mir, ihre Aufgabe sei es, in den Vereinigten Arabischen Emiraten Studenten für England zu rekrutieren. Das klingt interessant. Ich fragte sie, wer ihre Konkurrenten seien. Es gäbe nur einen ernsthaften Konkurrenten, die USA, antwortete sie. Auf dieser Party sprach ich auch mit einem indischen Manager der lokalen Airline *Emirates*. Selbstverständlich, erklärte er, schicke er seine Kinder nach England zur Schule und später in die Vereinigten Staaten zum Studium. Als ich in weiteren solcher Gespräche vorsichtig einfließen ließ, ob auch ein Studium in Deutschland oder einem nicht englischsprachigen Land erwogen werde, erntete ich nur ungläubiges Staunen.

Einige Wochen zuvor besuchte ich in Korea mehrere Firmen. Die jüngeren Manager, die mir gegenüber saßen, hatten alle in Amerika studiert. Bezeichnend ist der Fall der Firma *Dong-A*, eines großen Pharmaunternehmens. Während der Seniorchef noch in Freiburg Medizin studiert hat, stammt der MBA des Juniors aus Harvard. An zwei Tagen traf ich zwei Gruppen koreanischer Professoren zum Frühstück: Am ersten Tag diejenigen, die ihre akademischen Grade in Amerika erworben hatten, am zweiten Tag eine Gruppe, deren Grade aus Deutschland stammten. Die »amerikanische« Gruppe war nicht nur zahlreicher, sondern auch gut zehn Jahre jünger als die »deutsche« Gruppe. Die traditionell starken

Beziehungen zwischen deutschen und koreanischen Universitäten gehen zu Gunsten der Amerikaner zurück. Ähnliche Tendenzen gibt es von Japan zu berichten.

Das Rennen um die besten Köpfe

Die Blamage bei den Greencards zur Anwerbung von Software-Spezialisten ist hinlänglich bekannt: Deutschland ist für qualifizierte Ausländer weniger attraktiv als andere Länder. Die Sprache erweist sich dabei als eines der größten Hindernisse. Die Argumentation mit den seltenen »Vorzeigedeutschen«, wie etwa dem früheren indonesischen Minister Habibi, täuscht über die wahren Fakten hinweg. Wir verlieren das Rennen um die Köpfe der zukünftigen ausländischen Führungskräfte, Kaufleute, Naturwissenschafter und Techniker. Natürlich hat das auch mit dem relativen Rückgang der Reputation deutscher Universitäten und des deutschen Bildungssystems generell zu tun. Die Ergebnisse einer Studie wie PISA werden auch im Ausland wahrgenommen und strahlen auf das Image des gesamten deutschen Bildungssystems ab.

Vordergründig abschreckender sind aber die sprachlichen und institutionellen Besonderheiten unseres Systems. Sie allein schon bewirken, dass ein Studium in Deutschland erst gar nicht erwogen wird. Im Übrigen hängen diese strukturellen Besonderheiten und die Qualität der Bildung eng zusammen. Viele Strukturmerkmale erweisen sich nämlich als Ursachen für gravierende Qualitätsmängel, genannt seien nur die überlangen Studienzeiten, die Tatsache, dass die Universitäten nicht ihre eigenen Studenten auswählen können, oder die geringe internationale Durchlässigkeit der Berufung von Hochschullehrern.

Wie sehen die Fakten aus? Zwar erscheint die Zahl der ausländischen Studierenden in Deutschland mit 187 027 (das entspricht 10,4 Prozent aller Studierenden) nicht niedrig, aber in England studieren 224 660 Ausländer, obwohl die Einwohnerzahl Englands diejenige Deutschlands um 27 Prozent unterschreitet. In den USA gibt es 547 867 ausländische Studierende, ihre Zahl ist in den letzten fünf Jahren um 21 Prozent gewachsen. »The U.S. is the preferred destination by far«, deklarierte der Dekan der *Indiana University*. Der Wettbewerb intensiviert sich zusehends. England hat eine Kampagne gestartet, um 75 000 zusätzliche Auslandsstudenten anzuziehen. Die 39 australischen Universitäten betreiben eine gemeinsame Vermarktungsorganisation und konnten die Zahl der Auslandsstudenten seit 1994 um 73 Prozent steigern. Diese Länder unternehmen auch große Anstrengungen, institutionelle Zugangsbarrieren für ausländische Studenten zu beseitigen (Visa, Bewerbung).

Neben dem quantitativen Zurückfallen gegenüber englischsprachigen Ländern und Schulen gibt es meines Erachtens gravierende qualitative Schwächen, die sich allerdings statistisch nicht so einfach fassen lassen. Anders als in den USA und England findet man bei uns kaum ausländische Studenten aus den eher hochentwickelten Ländern. Betrachtet man hingegen die Topschulen dort, so kommt die Mehrheit der Ausländer gerade aus solchen Ländern und nicht aus der Dritten Welt. Auch habe ich den Eindruck, dass die besonders Begabten und Ambitiösen die höchste Präferenz für ein Studium in den USA haben. Hier schließt sich der Kreis, denn sie werden auch ihre Kinder nach Amerika schicken.

Natürlich sind diese Probleme in Deutschland bekannt. So publizierte die IHK-Zeitschrift *Die Wirtschaft* in Heft 12/2001 einen Artikel mit dem Titel »Deutschland fit machen für den Wettbewerb um die besten Köpfe«. Doch bleiben die Vorschläge wenig konkret und sind meines Erachtens bei weitem nicht radikal genug. Wir müssen viel radikaler als bisher an dieses Problem herangehen. Was ist notwendig?

Lingua franca Englisch

Englisch sollte zur generellen Unterrichtssprache an deutschen Hochschulen werden. Das wäre der erste und wichtigste Schritt, um dem höheren deutschen Bildungssystem einen effektiveren Zugang zum internationalen Markt und zum Wettbewerb um die besten Studenten zu eröffnen. Die vordergründigste und gravierendste Barriere für ausländische Studierende würde damit entfallen. Neue Hochschulen gehen diesen Weg von Beginn an. So wird beispielsweise an der *Internationalen Fachhochschule Bad Honnef*, die Studiengänge in Tourismus und Aviation-Management anbietet, nur in Englisch unterrichtet. Viele Universitäten haben bereits Teilprogramme in englischer Sprache. Wenn die Sprachbarriere einmal gebrochen ist, wird vieles einfacher.

In nahezu allen Austauschprogrammen macht man die Erfahrung, dass nicht gleich viele Ausländer nach Deutschland kommen, wie Deutsche an die ausländische Partnerhochschule gehen. Der Grund liegt einfach darin, dass es dort nicht genügend Studenten gibt, die Deutsch sprechen. Das gilt insbesondere für die USA, England und Frankreich. Kombinierte länderübergreifende Studiengänge lassen sich leichter realisieren, wenn man in einer Sprache operiert. Auch der Markt der Hochschullehrer internationalisiert sich durch eine einheitliche Sprache. Das Lehrangebot würde breiter, reichhaltiger und globaler. Publikationen und Literatur wären allen zugänglich.

Im Übrigen ist meine Forderung nicht neu, sondern führt zu einem historischen Zustand zurück. Allerdings hieß die *Lingua franca* der Hochschulen damals nicht Englisch, sondern Latein. Und unsere Vorgänger kämpften mit den gleichen Schwierigkeiten der fremden Sprache. So schreibt Nikolaus von Kues (1400–1464), bekannter unter seinem lateinischen Namen Cusanus und eine der ganz großen Figuren in Wissenschaft und Politik im ausgehenden Mittelalter, dass »ein Deutscher nur mit größter Anstrengung, als ob er seiner Natur Gewalt antun müsse, imstande sei, korrekt Latein zu sprechen«. Cusanus beklagt seine eigene ungeschliffene Schreibweise, hingegen bewundert er die Leichtigkeit und den Anmut, mit der die an klassischen Vorbildern geschulten Italiener schrieben. Nicht anders ergeht es uns heute im Verhältnis zu Amerikanern und Briten. Bei der Sprache sind und bleiben wir im Nachteil. Doch weitaus größer wird der Nachteil, wenn wir uns der modernen *Lingua franca* verweigern. Im internationalen Wettbewerb schlägt schlechtes Englisch allemal gutes Deutsch.

International kompatible Bildungsstrukturen

In analoger Weise müssen wir unser Bildungssystem an die international üblichen Strukturen anpassen. Dieser Empfehlung liegt die Einsicht zugrunde, dass es nicht primär darum geht, ob dieses oder jenes System besser ist. Vielmehr kommt es darauf an, welches System sich durchsetzt und den allgemein akzeptierten Standard definiert. Das ist ähnlich wie bei Produkten, etwa *VHS* versus *Video 2000*. Und es existieren die gleichen Netzwerkeffekte. Der MBA-Grad ist eine überall akzeptierte Qualifikation, aber einen Diplom-Kaufmann kann kein ausländischer Arbeitgeber einordnen.

Im Klartext heißt dies, dass typisch deutsche Strukturen – wie Habilitation, Standardabschluss Diplom, Vordiplom, neunjähriges Gymnasium – über Bord müssen. Neue Sonderformen wie die erst kürzlich eingeführte Juniorprofessur sind eine Absurdität. Wir brauchen nicht jedes Mal neue Räder zu erfinden. Viele Strukturen im deutschen Bildungswesen haben sich im Zeitalter der Globalisierung einfach überlebt.

Und natürlich brauchen die Universitäten das Recht auf Zulassung ihrer Studenten. Es wäre für eine Top-Uni in den USA, England oder Frankreich unvorstellbar, die eigenen Studenten nicht selbst auswählen zu können. Denn die Studenten sind das alles bestimmende Rohmaterial jeder Schule. Wie sollte der Mercedes seine Qualitätsstandards halten können, wenn *DaimlerChrysler* per Gesetz jeden Zulieferer akzeptieren müsste?

Das sind zwar keine kleinen Herausforderungen, aber letztlich nur zwangsläufige Konsequenzen der Globalisierung, die längst zu einer mentalen geworden ist. Auch wenn es uns leidtut: Deutsch ist auf dem Rückzug. Hoffentlich dauert die Einsicht in diese Notwendigkeit nicht zu lange, denn die Uhr tickt.

Stoßtrupp von gestern

Kein Missstand wird mehr beklagt als unsere Unfähigkeit zum Wandel. Das drängt die Frage auf, wo die schärfsten Kämpfer gegen die längst überfällige Modernisierung von Wirtschaft und Gesellschaft sitzen. Es gibt ein einfaches Kriterium zur Identifikation: Man braucht sich nur zu fragen, wer sich auf der Verliererstraße befindet, wem die Felle davonschwimmen, wer sich vom Wandel bedroht fühlt. In diesen Kreisen sind die Widerstandskämpfer gegen Fortschritt und gesellschaftliche Innovation zu finden – auch wenn sie anderes bekunden und dies in wohlklingende Schlagworte hüllen. Wir sind noch nicht so weit, dass die Blockierer offen benannt und kritisiert werden. Doch es ist höchste Zeit, dass dies geschieht.

Verfall einer Organisation

Schauen wir uns also einen speziellen Kandidaten näher an. Wie beurteilen Sie eine Organisation, die in acht Jahren rund ein Viertel ihrer Mitglieder verloren hat? Und zwar Jahr für Jahr ohne Unterbrechung in einem fatalen Trend, der kontinuierlich nach unten weist. Im Jahr 1991 hatte diese Vereinigung die stattliche Zahl von 13,75 Millionen Mitgliedern, zehn Jahre später sind es nur noch 9,4 Millionen. Noch stärker ist der Aderlass bei der größten Teilorganisation, sie hat im betrachteten Zeitraum fast ein Drittel ihrer Mitglieder aus den Karteien streichen müssen, ihre Zahl sank von 11,8 im Jahr 1991 auf 7,7 Millionen 2002.

Nein, ich rede nicht von den Kirchen, weder von der evangelischen noch von der katholischen. Bei den Katholiken erreichten die Mitgliederverluste in dem Zehnjahreszeitraum 1991 – 2001 kumulativ lediglich 5,47 Prozent, bei den Protestanten waren es 8,86 Prozent. Ich habe auch nicht den Bund der Vertriebenen oder den Verband für Kriegsgräberfürsorge im Auge. Die Rede ist vielmehr von den deutschen Gewerkschaften. Sie haben den beschriebenen Aderlass erlebt und erleben ihn weiter. Besonders betroffen wurden dabei die Mitgliedsgewerkschaften des

Deutschen Gewerkschaftsbunds (DGB); mehr als ein Drittel der früheren Mitglieder haben dem DGB den Rücken gekehrt. Fairerweise muss man allerdings sagen, dass die Mitgliederzahl des DGB nach der Wiedervereinigung um fast vier Millionen anstieg und ein erheblicher Teil des Schwundes auf diesen Teil zurückzuführen ist.

Noch dramatischer ist der Rückgang bei den Jugendmitgliedern, er macht in den neunziger Jahren rund 32 Prozent (1994: 793 626; 2001: 534 561) aus. Das lässt wenig Zweifel, dass sich der negative Trend fortsetzt. Nimmt man an, dass die Schwundquote von 3,16 Prozent pro Jahr so weitergeht, dann gäbe es 2010 noch 5,5 Millionen Gewerkschaftsmitglieder in Deutschland, weniger als halb so viele wie 1990. Bis zum Jahr 2020 würde die Zahl weiter auf 4,3 Millionen schrumpfen. Ich halte diese Zahlen sogar eher für optimistisch. Vieles spricht dafür, dass sich der Verfall weiter beschleunigt. Solange die Gewerkschaften als Stoßtrupp von gestern auftreten, werden sie aktiv zu ihrem weiteren Niedergang beitragen. England und die USA sollten Warnung genug sein. Aber welche Organisation, die derart in der Vergangenheit gefangen ist, hätte je solche Zeichen zu deuten gewusst?

Realitätsfern rächt sich

Für den dramatischen Niedergang gibt es nur zwei mögliche Erklärungen. Deren erste könnte sein, dass sich der Zweck, für den die Organisation ursprünglich gegründet wurde, erübrigt hat. In der Sprache der Strategie würde man sagen: Der Geschäftsgegenstand ist entfallen. Man braucht sie einfach nicht mehr. So gibt es heute keine Dampflokhersteller, weil niemand mehr Dampfloks kauft. Eine zweite mögliche Erklärung für den Niedergang besteht darin, dass die Führung der Organisation die Zeichen der Zeit nicht erkennt, nicht versteht, was in der Realität vorgeht, demzufolge zu Veränderung unfähig ist oder sogar zum aktiven Hemmschuh des Wandels wird. In jedem Fall drängt sich die Vermutung auf, dass die deutschen Gewerkschaften eine falsche, langfristig selbstvernichtende Strategie praktizieren.

Beide Ursachen treffen wohl zu. Der traditionelle Geschäftsgegenstand der Gewerkschaften hat sich zumindest teilweise überlebt, aber gleichzeitig haben die Gewerkschaften es nicht geschafft, neue Inhalte für ihr Geschäft zu definieren und eine neue Strategie zu entwickeln. Die Gewerkschaften sind Kinder des Zeitalters der industriellen Massenproduktion. Das Weltbild, auf dem sie aufbauen, scheint nach wie vor das des Industriearbeiters zu sein, der zusammen mit Tausenden seiner Kollegen zum Schichtwechsel durch das Werktor marschiert, der einer durch tayloristische Methoden geregelten Arbeit nachgeht, der sich in einen flächendeckenden Tarifvertrag pressen lässt – mit den Worten Stefan Zweigs *Die Welt von gestern*. Natürlich existiert dieses Arbeitsmodell auch in manchen traditionellen Dienstleistungsbranchen, beispielsweise in Banken, in Versicherungen, im Handel und im öffentlichen Sektor. Dort wird zwar Dienstleistung produziert, aber nach industriellem Muster.

Doch mit der Realität von großen Teilen der modernen Wirtschaft hat das alles nur noch wenig zu tun. Arbeitszeiten werden flexibilisiert, Löhne weitaus stärker nach dem tatsächlichen Beitrag und nach Produktivität differenziert, der feste Arbeitsplatz löst sich auf, klassische Arbeitnehmerverhältnisse werden durch andere Formen ersetzt. Leiharbeiter, Teilzeitkräfte und Selbstständige nehmen zu, der Vollzeitarbeitnehmer mit nur einer Stelle wird seltener, Internet und E-Commerce brechen traditionelle Wertschöpfungsstrukturen auf. An all diesen und vielen anderen Fronten des Wandels gebärden sich die Gewerkschaften als Stoßtrupp von gestern. Gehemmt beim Verständnis oder der Akzeptanz des Wandels agieren sie als Blockierer und Bremser. Sie boykottieren die Flexibilisierung und Öffnung von Tarifverträgen. Sie sträuben sich gegen weitere Privatisierungen, vor allem auf kommunaler Ebene. Sie kämpfen gegen die Liberalisierung des Ladenschlusses. Sie streiten für die frühe Rente, die in eklatantem Gegensatz zu Bevölkerungsdynamik und Finanzierbarkeit steht.

In welchen modernen, neuen, jungen Unternehmen und Organisationen gibt es noch Gewerkschaftsmitglieder? Die Jungen, die Intelligenteren, die Internet-Leute, die Software-Entwickler, die Geistesarbeiter, die Teilzeitbeschäftigten und die nach Selbstständigkeit Strebenden: Sie alle wenden sich von den geistigen Dinosauriern ab. Sie erhoffen sich nichts von einer Dampfwalze, die möglichst alle über einen Kamm scheren will. Ich vermute, dass der Mitgliederschwund noch deutlich gravierender wäre, wenn nicht neue Mitarbeiter, die in großen deutschen Unternehmen einen Arbeitsplatz bekommen wollen, faktisch zum Gewerkschaftsbeitritt gezwungen würden. Unter diesen Umständen ist der Beitritt ähnlich freiwillig wie derjenige zu einer Kirche, über den die Eltern bei der Geburt bestimmen. Auch wenn das keiner zu sagen wagt: Die Gewerkschaften arbeiten vor Ort mit Druck.

Fähig zum Wandel

Können sich die Gewerkschaften wandeln? Oder werden sie sich in ein Randdasein manövrieren? Wenn die einzelne Gewerkschaft dann zu klein wird, schließen sich mehrere zusammen, und für eine gewisse Zeit gibt es wieder ein Gefühl von Macht und Größe. Verdi ist das eklatanteste Beispiel. Doch dann geht die Abfahrt weiter. Unaufhaltsam?

Gibt es überhaupt strategische Ansätze, die diesen Trend stoppen oder gar umkehren könnten? Da ich keine sichere Antwort auf diese Frage weiß, wage ich nachstehend einige spekulative Optionen.

- Was dürfte in der Arbeitswelt das heißeste Thema der Zukunft werden? Wahrscheinlich Wissen und Bildung! Hier könnte sich ein lukratives Betätigungsfeld für die Gewerkschaften auftun. Wer dieses Feld meistert, der wird eine große Zukunft haben. Dies gilt jedoch am stärksten für neue Branchen, in denen die Gewerkschaften heute schwach vertreten sind. Aber besitzen die Gewerkschaften die Kompetenzen, die hierzu notwendig sind, beziehungsweise sind sie fähig, diese neuen Kompetenzen zu entwickeln?
- Könnten die Gewerkschaften im Sinne eines nach vorn gerichteten Wandels eine beschleunigende Rolle übernehmen? Als Promoter – und nicht Blockierer – neuer Arbeits- und Beschäftigungsformen, der Einführung neuer Technologien, der Flexibilisierung, der Globalisierung!

Auch dies ist ein Feld mit großer Zukunft. Schwer fällt mir allerdings, die Vereinbarkeit solcher Ziele mit der breiten Mitgliederbasis zu erkennen. Die breite Masse ist und wirkt eher retardierend als beschleunigend. Es sei denn, die Gewerkschaften wandelten sich in eine »aktive Minderheit«. Das würde einen totalen Kurswechsel – ideologisch wie personell – erfordern, und wäre mit einer kleineren Mitgliederzahl konsistent. Nicht unmöglich, aber sehr schwierig!

• Eine dritte Option besteht darin, das traditionelle Konfrontationsmuster Arbeitgeber versus Arbeitnehmer zugunsten einer Stärkung der internationalen Wettbewerbsfähigkeit des Standorts Deutschland aufzugeben. Wie wäre es mit einer Gewerkschaft, die sich zum Vorkämpfer der Wettbewerbsfähigkeit macht? Natürlich würde das kurzfristigen Verzicht erfordern, aber langfristig könnte diese Strategie reiche Früchte tragen.

• Gibt es schließlich einen neuen gewerkschaftlichen Geschäftszweck in Bereichen wie Freizeit, Gesundheit/Wellness und Anti-Aging/Leben im Alter? Für viele Menschen werden diese Themen in Zukunft zeitlich und inhaltlich wichtiger als die Arbeit sein. Hier geht es um generelle Lebensgestaltung bis hin zu Sinnfragen. Auch die Kirchen tun sich hier schwer und verlieren Terrain. Es tut sich ein gewaltiges Betätigungsfeld auf, das neue Organisationen bisher noch unbekannter Art aufgreifen werden – warum nicht die Gewerkschaften?

Die Antwort auf die Zukunft der Gewerkschaften habe ich nicht, ich kann nur einige Optionen andeuten. Jeder ist seines eigenen Glückes Schmied.

Geostrategische Mitte

Die langfristigen Folgen der Globalisierung lassen sich heute nicht annähernd absehen. Wie werden sich Produktions- und Absatzstandorte im Verhältnis zueinander entwickeln? Wie werden Güter-, Kapital- und

Menschenströme wachsen? In jedem Fall müssen Standorte und Regionen unter geostrategischen Aspekten neu bewertet werden. Ich habe hierbei nicht die momentan geltenden politischen und steuerlichen Rahmenbedingungen im Auge, sondern die aus den unveränderlichen geografischen Gegebenheiten der Erde resultierenden Implikationen. Europa und insbesondere Deutschland besitzen in dieser Hinsicht eine einzigartige Position: Sie liegen in der geostrategischen Mitte der Erde. In globaler Dimension ist nicht China das Reich der Mitte, sondern Westeuropa.

Globalisierung bedeutet nicht mehr nur weltweite Handels- und Produktionsaktivitäten, sondern erstreckt sich auf alle Wertschöpfungsaspekte. Die Gewinnung der besten Talente aus den verschiedensten Ländern, die Entwicklung internationaler Teams in Management sowie in Forschung und Entwicklung, die Ansiedlung von und die Zusammenarbeit zwischen Kompetenzzentren, das sind nur einige der neuen Herausforderungen. In jedem Fall werden Kommunikation, der Austausch von Wissen und Information, Reisen und Kooperationen über Zeitzonen hinweg zunehmen. Schon heute lassen Firmen, um Zeit zu sparen, Entwicklungsprojekte mit der Sonne um den Erdball wandern. Call-Center können durchaus in weit entfernten Ländern sitzen. Irgendwo auf der Erde ist immer Tag, dies wird genutzt.

Globale Arbeitsteilung und ihre Grenzen

Die weltweite Kommunikationsinfrastruktur, die all das ermöglicht, ist in den letzten Jahren massiv ausgebaut worden. Telekommunikation, Internet und Fluggesellschaften erreichen heute bis in die entlegensten Winkel der Welt. E-Mail und Voicemail ermöglichen asynchrone Kommunikation, sodass man nicht auf simultane Bürozeiten angewiesen ist. Die variablen Kosten von Telekommunikation sind in vielen Fällen vernachlässigbar geworden. Damit lassen sich die Vorteile der internationalen Arbeitsteilung in bisher unbekanntem Maße ausschöpfen. Entfernungen, Zeitunterschiede und Grenzen haben ihre traditionellen Bedeutungen teilweise verloren. Manche sprechen schon euphorisch vom Verschwinden der Distanzen und der Zeitunterschiede.

Doch solche Euphorie halte ich nicht nur für verfrüht, sondern sie geht grundsätzlich an den wahren Problemen vorbei. Es zeigen sich nämlich klare physische und praktische Grenzen der Globalisierung. Die Erde ist eine Kugel. Tag und Nacht sowie Zeitzonen haben nicht aufgehört zu existieren. Der Anpassung des Menschen an Entfernungen und Zeitunterschiede sind Grenzen gesetzt. In den meisten Geschäften bleibt jedoch die persönliche, direkte Kommunikation unverzichtbar. Sie erweist sich teilweise im Alltag als schwierig, wenn die Zeitdifferenz zwischen zwei Orten zehn oder zwölf Stunden beträgt.

Erstaunlicherweise hat auch die Reisegeschwindigkeit auf Fernstrecken seit den sechziger Jahren (den Jumbo-Jet gibt es seit 1969!) kaum zugenommen. Das Zeitalter der *Concorde*, die ohnehin nur auf wenigen Strecken flog, geht allmählich zu Ende. Ökonomisch einsetzbare Überschallflugzeuge bleiben eine Illusion. Erst Ende 2002 hat *Boeing* den Plan für den *Sonic Cruiser*, einen etwas schnelleren Jet, der aber noch unter der Schallgeschwindigkeit fliegen sollte, aufgegeben. Hochgeschwindigkeitszüge spielen für interkontinentale Reisen keine Rolle und werden dies auch nie tun. Viele Reisen sind aufgrund überfüllter Flughäfen, Staus in der Luft und am Boden, verschärfter Sicherheitskontrollen und nicht seltener Streiks eher beschwerlicher und langwieriger geworden. Diese Tendenz wird sich vermutlich fortsetzen.

Diese Gegebenheiten führen zu enormen Belastungen für die Betroffenen. Der Vorstandsvorsitzende eines Automobilunternehmens berichtete mir über seine zahlreichen Transatlantik- und Asienreisen und wie sehr diese an seiner Kondition nagen. Ein Geschäftsbereichsleiter eines Elektronikzulieferers beklagte sich über seine ständigen Reisen zu Kunden in Japan und im Silicon-Valley. Er war Anfang 40, sah aber eher wie Ende 50 aus. Selten werden solche Probleme offen eingestanden, aber sie sind bei vielreisenden Managern allgegenwärtig.

Standortvorteil Westeuropa

Angesichts dieser Tatsachen gewinnt der Standort im geostrategischen Rahmen eine neue Bedeutung. Westeuropa und Deutschland haben einzigartige Vorteile. Abbildung 3 veranschaulicht dies.

Westeuropa ist die einzige Region (der nördlichen Hemisphäre), in der man innerhalb einer – etwas ausgeweiteten – Bürozeit (neun Stunden) mit ganz Eurasien (inklusive Japan) und Nordamerika (inklusive Westküste) kommunizieren kann. Die Ursache dafür liegt im »Dreieckscharakter« der Erde. Die drei Seiten des Dreiecks bilden die eurasische Landmasse, Transatlantica (Westeuropa bis Westküste USA) und der Pazifik. Westeuropa liegt genau in der Mitte der beiden »Landseiten« des Dreiecks. Demgegenüber ist es außerordentlich beschwerlich, von New

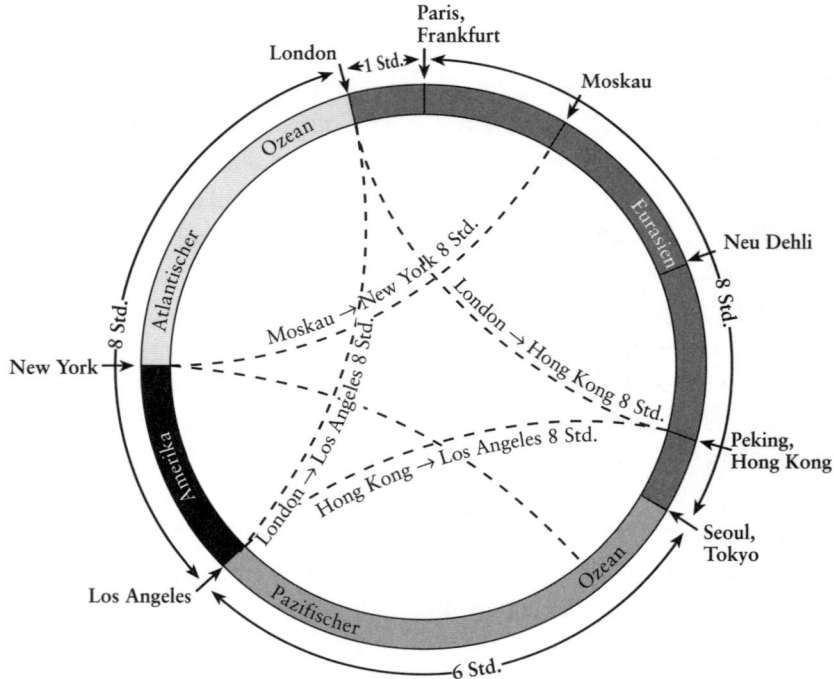

Abbildung 3: Europa und seine geostrategische Lage

York aus mit New Delhi, Hongkong, Beijing, Seoul oder Tokio zu verkehren, da die Zeitdifferenz zwischen zehn und zwölf Stunden beträgt. Das Gleiche gilt selbstverständlich in umgekehrter Richtung. Kaum besser geht es an der amerikanischen Westküste. Tokio und Hongkong erreicht man von Los Angeles zwar innerhalb des Acht-Stunden-Rahmens, aber New Delhi, Moskau, Teheran, Kairo sind zwischen zehn und zwölf Stunden entfernt. Die erwähnten asynchronen Kommunikationstechnologien (Brief, Fax, E-Mail, Voicemail) mildern die Zeitdiskrepanzen zwar ab, aber sie sind eben kein vollständiger Ersatz für synchrone, direkte Kommunikation (Telefon, Videokonferenzen, Telepräsentationen mit Fragen und Antworten), die in zwei Richtungen laufen kann.

Chancen der geostrategischen Lage nutzen

Der geostrategische Standortvorteil Westeuropas gilt auch für Reisen. Entscheidender Grund ist hier, das man aus Westeuropa praktisch nie den weiten Pazifik überqueren muss, um in wirtschaftlich bedeutsame Länder zu kommen. Im Grunde gelten die Aussagen auch für die südliche Hemisphäre, in der ohnehin wenig Wirtschaftskraft konzentriert ist. Aufgrund dieser unveränderlichen Tatsachen ist langfristig zu erwarten, dass sich globale Unternehmen zunehmend für westeuropäische Standorte entscheiden werden.

Kurzfristig steht dem allerdings die überlegene Wirtschaftskraft der USA entgegen. Sie kann vorübergehend, wobei dies durchaus mehrere Jahrzehnte bedeuten kann, sogar Unternehmenszentralen von Europa in die USA ziehen. Dieser für Europa negative Trend wird durch die wirtschaftlich widersinnige Politik einiger europäischer Länder, allen voran Deutschland und Frankreich, verstärkt. Innerhalb Europas wird die geostrategische Reallokation von Unternehmenszentralen ebenfalls zu massiven Verschiebungen führen. Auch hier steht Deutschland eher auf der Verliererseite; England, Holland und die Schweiz dürften hingegen die Gewinner sein. Offensichtlich mangelt es den in Deutschland Verant-

wortlichen an zureichendem Verständnis der tiefgehenden strategischen
Umwälzungen im Rahmen der Globalisierung. Die möglichen langfristigen Schwächen für den Standort Deutschland sind katastrophal.

Wann werden die Chancen, die sich aus der einzigartigen geostrategischen Lage Deutschlands ergeben, verstanden und endlich genutzt? Neben den konkreten Bedingungen im Hinblick auf Steuern, Unternehmensführung oder Mitbestimmung spielen dabei auch Vertrauen und
gesellschaftliche Offenheit eine entscheidende Rolle. Insbesondere der
Aufbau von Vertrauen braucht Zeit und Kontinuität. In den letzten Jahren ist das Misstrauen gegenüber dem Standort Deutschland im Ausland
eher gestiegen, dies gilt insbesondere für die USA. Im Vergleich zu anderen westeuropäischen Ländern erleben wir bei diesem Aspekt massive
Wettbewerbsnachteile. Auch ist Deutschland kein präferiertes Land für
ausländische Expatriates, die mit der Verlagerung von Zentralen in ein
Land strömen. Die Schweiz, Holland und England sind in dieser Hinsicht wesentlich beliebter.

Das ist keine primär politische, sondern eine gesamtgesellschaftliche
Herausforderung. Die Natur hat uns die geostrategische Mitte ge-
schenkt, was wir daraus machen, das liegt nur an uns.

Kapitel 11
Die Weite des strategischen Denkens

Mentale Reise

Die Globalisierung erfordert die Anpassung der Mitarbeiter und der Unternehmenskulturen an internationale Gegebenheiten. Deutsche Unternehmen schneiden im Vergleich zu Firmen aus anderen großen Ländern zwar nicht schlecht ab, aber dennoch bleibt viel zu tun. Sprachkenntnisse, Auslandsaufenthalte und systematische Managemententwicklung führen zur internationalen Offenheit und erleichtern die notwendigen Anpassungen. Je früher diese Schritte beginnen, desto besser. Denn die mentale Reise zu wahrer Globalität ist lang und beschwerlich, und Rückschläge sind unvermeidlich.

Erfolg im internationalen Wettbewerb kommt nicht von ungefähr, sondern hat komplexe Ursachen. Globalisierung erfordert auch eine mentale Internationalisierung. Bei der Diskussion um die Erfolge deutscher Unternehmen wird der Grad der mentalen Internationalisierung selten als Erfolgsfaktor gesehen. Auch stellt man in dieser Hinsicht nach wie vor enorme Unterschiede zwischen einzelnen Firmen fest. Unsere Bildungs- und Karrieresysteme weisen Lücken im Hinblick auf die notwendige Internationalisierung auf. Die PISA-Studie belegt, dass deutsche Schüler gegenüber Altersgenossen anderer Nationen nur unterdurchschnittliche Lesekompetenz besitzen. Wer aber Probleme beim Lesen und im Ausdruck seiner Muttersprache hat, wird kaum eine Fremdsprache lernen. Die PISA-Studie zeigt aber auch, dass die Jugendlichen traditioneller Einwanderungsländer wie Neuseeland und Australien in der Studie hervorragend abschneiden. Das Lernen einer Fremdsprache stellt also kein unüberwindbares Hindernis dar.

Internationaler Handel ging in der Geschichte stets einher mit der internationalen Öffnung der Beteiligten. Diese Erfahrung reicht zurück bis zu den Phöniziern und wird in der Geschichte immer wieder bestätigt. Schon Anton Fugger, dessen Handelsreich im 16. Jahrhundert die damals bekannte Welt umspannte, sagte: »Die beste Sprache ist die Sprache des Kunden«. International erfolgreiche Handelsleute beherrschten stets fremde Sprachen, waren mit den Kulturen anderer Völker vertraut und zeichneten sich durch Urbanität und Weltoffenheit aus.

Grad der Internationalisierung

Diese Anforderungen gelten heute genauso wie früher. Wie gut schneiden deutsche Unternehmen hier ab? Insgesamt nicht schlecht! Wir haben seit dem Ende des Zweiten Weltkriegs einen unglaublichen Prozess der Internationalisierung durchlaufen, oft ohne uns dessen bewusst zu sein. Mir selbst wurde diese Tatsache nach der Wiedervereinigung noch viel klarer. Der Erfahrungshorizont von Menschen, die in der DDR aufgewachsen waren, unterschied sich von dem unsrigen vor allem in Bezug auf die Auslandserfahrungen. Während viele Führungskräfte und Wissenschaftler meiner Generation Jahre in anderen Ländern verbracht haben, gab es so etwas unter DDR-Kadern und Wissenschaftlern nur sehr selten.

Der Grad unserer Internationalisierung lässt sich im Vergleich mit anderen Ländern anhand konkreter Statistiken belegen. Deutschland führt bei internationalen Telefongesprächen. Pro Kopf liegen wir bei Auslandstelefonaten weit vor anderen großen Ländern. Auslandsgespräche setzen Fremdsprachenkenntnisse voraus. Die Fremdsprachenkenntnisse der Deutschen sind im internationalen Vergleich gut. Mit 15 Prozent liegt Deutschland beim tatsächlichen Verstehen von Englisch weit vor Frankreich mit 3 Prozent, Italien mit 1 Prozent und Spanien mit 3 Prozent. Allerdings schneiden kleinere Länder wie die Niederlande (28 Prozent) oder Belgien (17 Prozent) erwartungsgemäß noch besser ab.

Zwischen einzelnen Unternehmen bestehen bei den Sprachkenntnissen, aber auch bei den diesbezüglichen Ambitionen große Unterschiede. Immer wieder treffe ich auf Firmen, in denen Konferenzen nicht in Englisch gehalten werden können und Dolmetscher benötigt werden. Demgegenüber gibt es Firmen, in denen Englisch selbstverständliche Unternehmenssprache ist. Firmen mit wirklichen Weltambitionen gehen noch weiter. So verlangt die Nürnberger Firma *Barth*, Weltmarktführer bei Hopfen, dass Führungskräfte drei Fremdsprachen sprechen. Geschäftsführer Peter Barth begründet diese Forderung nicht nur mit sprachlichen Aspekten, sondern mit dem tieferen kulturellen Verständnis. Dem kann ich nur zustimmen und jedem Unternehmen, das international erfolgreich werden will, empfehlen, bei Fremdsprachen hohe Anforderungen an seine Mitarbeiter zu stellen.

Internationale Personalentwicklung

Auch beim Auslandstourismus sind die Deutschen führend. Die Beziehung zu unserem Thema mag nicht jedem offensichtlich erscheinen, aber sie ist es. Jemand, der Auslandserfahrungen als Tourist gesammelt hat, ist wesentlich eher zu einem beruflichen Auslandseinsatz bereit (und befähigt). Wer erfahren hat, wie schwer sich Mitarbeiter ohne jede Auslandserfahrung bei solchen Vorhaben tun, wird dies bestätigen. Der Pool an fähigen Mitarbeitern, aus dem man in Deutschland schöpfen kann, ist vergleichsweise groß. So sagte mir der Chef der Firma *Wirtgen*, Weltmarktführer bei Straßenrecycling-Maschinen: »Wir brauchen immer wieder kurzfristig Teams, die wir irgendwo in der Welt einsetzen können. Wir haben heute genügend Leute, die zu solchen Einsätzen bereit sind. In kürzester Zeit kann ich ein Team zusammenstellen, egal ob das für Alaska oder für die Sahara ist. Im internationalen Vergleich ist das ein großer Wettbewerbsvorteil.« Mein dringender Rat an alle Unternehmen: Beginnen Sie schnellstens mit der Entwicklung dieses Potenzials, denn es dauert länger, als Sie denken.

Auch internationaler Schüler- und Studentenaustausch erleichtert die Anpassung an fremde Kulturen. Je früher und umfangreicher solche Erfahrungen gewonnen werden, desto besser. Unternehmen sollten bei der Einstellung junger Leute Auslandserfahrung stärker honorieren. Der Anreiz, solche Erfahrungen zu gewinnen, steigt dadurch – eine positive Rückkopplung!

Große Unterschiede bestehen immer noch zwischen Unternehmen in der internationalen Personalentwicklung. Erst eine Minderheit fordert explizit internationale Erfahrung. Ich kann nur dringend ermuntern, diese Forderung zur *conditio sine qua non* für die Beförderung in obere Ränge zu erheben – und sich daran zu halten.

Trotz vieler positiver Zeichen gibt es noch gravierende Barrieren auf der mentalen Reise. Beispielsweise tun wir uns in Deutschland nicht leicht mit der Aufnahme von Ausländern in Teams, Abteilungen und Unternehmen. Es gibt nach wie vor viele unausgesprochene Vorurteile und Ressentiments, selbst bei jungen Leuten. In der alltäglichen Zusammenarbeit bleiben solche Einstellungen den Betroffenen natürlich nicht verborgen. Ich habe leider in vielen Unternehmen Beschwerden von ausländischen Mitarbeitern gehört, die sich nicht voll anerkannt oder ausgeschlossen fühlen. Natürlich passiert das umgekehrt auch Deutschen im Ausland. Und ohne Zweifel gibt es auch Länder, die sich auf der mentalen Reise wesentlich schwerer tun, Frankreich oder Japan beispielsweise. Aber das kann keine Entschuldigung sein. Es ist klar, dass Unternehmen, die in diesem Prozess besser und schneller sind, in der Globalisierung erhebliche Vorteile erringen werden.

Von Religion, Kunst und Sport lernen?

Von wem können wir nun lernen im Hinblick auf die mentale Reise zur internationalen Unternehmenskultur? Globalisierung ist kein neues Phänomen. Es gibt globale Organisationen, die sehr alt sind. Ein Beispiel ist die katholische Kirche, ein anderes der Jesuitenorden. Die Jesuiten würde man in der heutigen Terminologie als »born global« bezeichnen, denn die sieben Gründer stammten aus fünf Ländern. Und der Orden schaffte es innerhalb einer Generation, in allen wichtigen Ländern eine Basis aufzubauen. Der Italiener Matteo Ricci brachte zunächst die »Niederlassung« in Japan ins Laufen und wartete dann in China 20 Jahre auf einen Termin beim chinesischen Kaiser – und bekam ihn. Es lohnt sich, die Organisation und die Führungsmethoden der Kirche zu konsultieren. Daneben gibt es viele Gesellschaftsbereiche, in denen die Internationalisierung sehr viel weiter fortgeschritten ist als in der Wirtschaft.

Herausragend in dieser Hinsicht sind die Kunst, vor allem die Musik, und der Spitzensport. In einem Weltklasseorchester finden sich heute Musiker aus vielen Nationen. Bei den Salzburger Festspielen dirigierte der Inder Zubin Mehta die Wiener Philharmoniker. Die Oper »Iphigénie en Tauride« stammt von Gluck. Gluck kam aus Deutschland, die Oper war in französischer Sprache, die Darstellerin der Iphigénie war eine Engländerin. Orest wurde von einem Amerikaner gespielt, und die Zuschauer stammten wahrscheinlich aus mehr als 20 Ländern.

Oder nehmen wir Spitzenmannschaften im Fußball. Kein Team kann mithalten, das sich nicht aus der ganzen Welt die besten Spieler zusammensucht. Viele Trainer kommen aus einem anderen Land. Oft sprechen sie nicht einmal die Sprache des Landes, in dem sie arbeiten, und es geht trotzdem! Ich rate dringend jedem Manager, sich einmal mit den Verantwortlichen im Sport zu unterhalten. Man kann eine Menge im Hinblick auf die Internationalisierung von Teams lernen. Ist es ein Zufall, dass das Sportunternehmen *adidas* den wohl internationalsten Vorstand eines deutschen Unternehmens hat?

Es geht also. Es gibt Vorbilder, und es gibt Erfolge. Dennoch muss jedes Unternehmen die mentale Reise alleine antreten und bewältigen. Ich habe noch keine Firma kennen gelernt, in der man sich darüber beklagte, zu viel in dieser Richtung getan zu haben – aber schon sehr viele, bei denen der Unwille oder das Zögern, die mentale Reise anzutreten, die Internationalisierung massiv behinderte und zu negativen Folgen im Wettbewerb führte. *Per aspera ad astra!*

Terrorismus

Der Terrorismus besitzt das Potenzial, die Strategien von Unternehmen massiv zu behindern und damit die Entwicklung der Globalisierung und des Welthandels deutlich zu bremsen. Multinational agierende Unternehmen sind vielfachen Risiken terroristischen Ursprungs ausgesetzt, die Grenzen zu gewöhnlicher oder organisierter Kriminalität (etwa Erpressungen oder Entführungen mit primär finanzieller Motivation) erweisen sich dabei als fließend. Seit dem 11. September 2001 hat das diesbezügliche Problembewusstsein enorm zugenommen.

Für Terroristen bieten Unternehmen attraktive Ziele mit enormen Multiplikatorwirkungen. Hauptverwaltungen großer Firmen haben häufig Symbolcharakter. Das World Trade Center fiel in diese Kategorie, aber auch andere Bauten, wie der Turm der Bank of China in Hongkong oder der Messeturm in Frankfurt bieten attraktive Zielscheiben. Die Gefahren erstrecken sich dabei von hochentwickelten Agglomerationspunkten (Finanzzentren, Flughäfen) bis hin zu abgelegenen Standorten der Rohstoffgewinnung (Erdölförderanlagen, Bohrinseln). Die gesamte Wertschöpfungskette eines Unternehmens ist von terroristischen Risiken betroffen, vom Rohmaterial (Getreide, Trinkwasser) über Zwischenprodukte (Chemie, Öllager) bis hin zu Konsumgütern (Vergiftung von Artikeln im Supermarktregal). Terroristische Attacken auf Fabriken, Anlagen, Filialen, informationstechnische Systeme, Führungskräfte, Verkehrsmittel wie Flugzeuge oder Schiffe (Öl- und Gastanker) sowie selbst auf intangible Werte wie Marken, Software oder Direktmarketingbeziehungen können unkalkulierbare, direkte Schäden bewirken. Hinzu kommen gravierende Folgeeffekte wie die mögliche Freisetzung von Giftstoffen, Umweltverschmutzungen, Kettenreaktionen im Kapitalmarkt und das von Terroristen meist ausdrücklich erwünschte Medienecho. Die terroristischen Risiken, denen Unternehmen ausgesetzt sind, haben fürwahr globale Dimension. Gleichzeitig treffen Firmen auf zunehmende Schwierigkeiten, solche Risiken zu versichern. Selbst große Rückversicherer zeigen sich bei der Abdeckung zurückhaltend, sodass der Ruf nach staatlicher Risikoübernahme zunimmt und die deutsche Industrie sogar eine eigene Versicherung initiiert hat.

Erhöhte Transaktionskosten

Die Zunahme terroristischer Risiken wird zwangsläufig die Strategien von Unternehmen und damit den Welthandel beeinflussen. Die Globalisierung ist nicht zuletzt ein Resultat gesunkener Transaktionskosten, also der Kosten, die nicht unmittelbar mit der Wertschöpfung verbunden sind. Dazu gehören Transport-, Versicherungs- und Kontrollkosten, aber auch »psychische Kosten« wie Angst und besondere Vorsicht. Sowohl im objektiven als auch im subjektiv wahrgenommenen Sinne erhöhen sich die Transaktionskosten durch den Terrorismus massiv. Inwieweit sich solche Auswirkungen als dauerhaft erweisen, kann man nur schwer abschätzen.

Gordon Brown, der britische Finanzminister, schätzt, dass eine transatlantische Freihandelszone das Bruttosozialprodukt der USA und der EU um insgesamt 400 Milliarden Euro erhöhen würde. Ein Großteil dieses Anstiegs würde durch die Effizienzgewinne durch vermehrte Arbeitsteilung zwischen Europa und Amerika entstehen. Selbst wenn heute der politische Wille da wäre, eine solche Freihandelszone durchzusetzen, wäre der geschätzte Anstieg wesentlich geringer, wenn sich Unternehmen scheuen, die mit der Arbeitsteilung verbundenen transatlantischen Logistikketten weiter auszubauen. Der Terrorismus hat langfristige Auswirkungen auf die Fähigkeit, durch die Ausweitung des internationalen Handels zusätzlichen Wohlstand zu generieren.

Terror und Investitionsentscheidungen

Terrorrisiken beeinflussen direkt die Strategie und die Organisation von Unternehmen. Seit jeher spielen Risikoaspekte bei Investitionsentscheidungen eine Schlüsselrolle. Der so genannte BERI-Index (für »Business and Environment Risk«) wird in der Industrie bei der Beurteilung von Investitionen in kritischen Ländern sorgfältig beachtet. Ein umfassenderes Risikomanagement, wie man es bisher primär im Bank- und Versicherungsbereich beobachten konnte, dringt nun in der Breite in die Industrie vor. Jede Vermutung von Terrorrisiken führt zu einer massiven Herabstufung des jeweiligen Landes. Appelle, in Ländern mit negativer Bewertung zu investieren (zum Beispiel Palästina, Afghanistan), verhallen nahezu ungehört. Mittelständische Unternehmen sind in dieser Hinsicht noch »scheuer« als Multinationals. Insbesondere im Rohstoffbereich haben Multinationals gelernt, mit solchen Risiken umzugehen. *Elf* und *ChevronTexaco* sind schon seit Jahren in der Offshore-Förderung vor der angolanischen Küste aktiv – und lassen sich durch den nur 100 Kilometer weiter wütenden Bürgerkrieg nicht beunruhigen.

Die bis *dato* als der Weisheit letzter Schluss geltende globale Markenstrategie wird vermehrt in Frage gestellt. Eine globale Marke setzt sich dem Risiko aus, dass ein Negativereignis an einem Ort der Welt (beispielsweise eine Giftattacke oder auch der Vorwurf der Kinderarbeit wie im Fall des Sportartikelherstellers *Nike*) wie ein Windfeuer auf andere Märkte übergreift. Desgleichen scheint man in der Selbstdarstellung zurückhaltender zu werden. Manche Hauptverwaltung dürfte in Zukunft weniger auffallend und symbolkräftig gestaltet werden.

Gefährdungen der Logistikkette

Der Blutkreislauf der globalen Wirtschaft ist jedoch die Logistikkette. Kürzlich fuhr ich an den gigantischen Containeranlagen des Hafens von Osaka vorbei. Ich wohne am Rhein und sehe täglich die Containerschiffe mit genau den gleichen Aufschriften. Die globale Logistikkette hat ein früher unvorstellbares Maß der Standardisierung und der Effizienz erreicht. Der Terrorismus ist der Sabot, der Holzschuh, der in dieses Getriebe geworfen wird. Denn die just-in-time getakteten Liefer- und Produktionssysteme erweisen sich gegenüber kleinsten Störungen als äußerst empfindlich. Zusätzliche Kontroll- und Sicherheitsschritte, insbesondere solche unvorhersehbarer Art, weiten sich blitzschnell auf das ganze System aus. In der Woche des 11. September 2001 kam die Produktion der »Big Three«, Automobilhersteller in Detroit – *Ford, General Motors* und *DaimlerChrysler* – fast zum Stillstand, weil ihre kanadischen Zulieferer tagelang nichts über die Grenze in die Vereinigten Staaten transportieren konnten.

Gleichzeitig bereiten Bombendrohungen in Flughäfen oder Verteilungszentren den verantwortlichen Managern Albträume. Man darf nicht vergessen, dass es daneben zahlreiche gewöhnliche Risiken wie etwa Streiks, technische Probleme, Verkehrsüberlastung im Luftraum oder auf der Straße gibt. Aber das terroristische Risiko kann die Problematik erheblich verschärfen. Betroffen sind am stärksten diejenigen Länder, die nur auf der Basis niedriger Kosten konkurrieren können und gleichzeitig als unsicher gelten. Als besonders gefährdet gelten Meerengen und Häfen. Besonders kritisch werden in diesem Sinne die Straße von Hormuz im Mittleren Osten und die Straße von Malakka in Südostasien angesehen. Durch diese beiden Meerengen werden jeweils täglich mehr als 10 Millionen Barrel Öl transportiert, mehr als ein Viertel der Weltproduktion.

Gefährdungen der Logistikkette haben konkrete und sofortige Auswirkungen. Ein westfälischer Zulieferer erlebte mehrfach Probleme mit Lieferungen aus asiatischen Ländern. Aber seine großen Kunden in der Sanitärbranche verlangen absolute Zuverlässigkeit der Lieferung. Diese könnte er angesichts der unsicheren Logistikkette nur durch ein Lager vor Ort sicherstellen, das wegen der Artikelvielfalt enorm groß und damit teuer sein müsste. Der Zulieferer hat deshalb einen Großteil seiner Vorbezüge von asiatischen auf deutsche Hersteller zurückverlagert. Diese Tendenz lässt sich sicherlich nicht generalisieren, aber das Beispiel zeigt, welche Bremseffekte auf die Globalisierung durch eine Verunsicherung der Logistikwege entstehen können.

Berufliche und private Auslandsaufenthalte

Internationalisierung erfordert die Entsendung von Führungskräften in die Zielmärkte. Zwar beginnen viele Firmen die Markterschließung mithilfe lokaler Importeure, aber bei verstärktem Engagement oder gar dem Aufbau einer Produktion wird es notwendig, die Geschäfte selbst zu führen. Der Transfer des notwendigen Know-hows erfolgt in aller Regel über erfahrene Führungs- und Fachkräfte aus dem Stammland. Terroristische und politische Risiken sind daher Gift für die Bereitschaft von Managern und deren Familien, in solche Länder zu ziehen. Ich kenne zahlreiche Firmen, die aus diesem Grund auf mögliche Geschäfte mit bestimmten Ländern und Regionen verzichten. Die negativen Auswirkungen sind vermutlich noch stärker als bei den Kapitalströmen. Dies liegt auch daran, dass anspruchsvollere Wertschöpfungsprozesse höher qualifiziertes Personal erfordern. Je weniger attraktiv ein Land für dieses Personal ist, desto einfacher bleibt die dorthin verlegte Wertschöpfung, desto geringer sind die Wohlstandseffekte. Terrorisiken haben folglich massive Auswirkungen auf die Qualität der Arbeitsplätze.

Reisen sind das tägliche Schmiermittel des internationalen Handels. In den sechs Wochen nach dem 11. September 2001 stieg die Anzahl der Video- und Audiokonferenzen laut *AT&T* um 25 Prozent an. Viele Firmen beschränken ihre Reisen heute stärker als früher, dabei spielen Kosten die primäre Rolle, die Sicherheit steht an zweiter Stelle. Ein Maschinenbauunternehmen, das in der Vergangenheit gut 100 Mitarbeiter zu einer Leitmesse in die USA entsandte, schickt heute nur noch etwa 25 Personen. Vielreisende empfinden das Reisen wegen der verschärften Kontrollen und längerer Warte- und Vorlaufzeiten zudem als deutlich beschwerlicher. Auch werden Regeln der Art, dass mehrere Vorstände nicht im gleichen Flugzeug fliegen dürfen, wieder strikter gefasst. Das erschwert natürlich die Koordination von Treffen oder Verkaufsgesprächen. Es ist schwer vorstellbar, dass diese Situation nicht als Bremse des Welthandels wirkt, insbesondere, wenn sich die Terrorrisiken noch verstärken. Zwar kann die moderne Telekommunikation die Bremseffekte etwas abmildern, aber der persönliche Kontakt zwischen Geschäftsleuten lässt sich nicht voll durch medialen Austausch ersetzen.

Auch der Tourismus reagiert extrem empfindlich auf terroristische Risiken. Dabei sind eine allgemeine und eine länderspezifische Reaktionsebene zu unterscheiden. Größere Terrorattacken, egal wo sie stattfinden, führen regelmäßig zu allgemeinen kurzfristigen Einbrüchen bei sämtlichen touristischen Reisen. Vorfälle wie die Angriffe in Ägypten Ende der neunziger Jahre, der Anschlag auf die Synagoge im tunesischen Djerba, die PKK-Aktionen in der Türkei, die Abu-Sayyaf-Entführungen auf den Philippinen oder das Bombenattentat auf die Diskothek in Bali haben jedoch für die jeweiligen Länder katastrophale Auswirkungen. Denn in diesen Ländern steuert der Tourismus erheblich zum Sozialprodukt bei, und die durch den Terrorismus verursachten Umsatzeinbrüche liegen regelmäßig im zweistelligen Prozentbereich. Meistens dauert es mehrere Jahre, bis die Normalität wieder einkehrt. Umgekehrt gewinnen Länder, die als relativ sicher gelten. So hat Spanien in den letzten Jahren von seinem sicheren Image profitiert.

Wegen dieser realen und potenziellen Folgen des internationalen Terrorismus ist die Politik aufgerufen, sichere Rahmenbedingungen für Unternehmen zu schaffen. Die Hoffnung, dass »der Handel den Terror« besiegt, könnte sich als trügerisch erweisen. Effektiver erscheint es, den Terror zu beseitigen, dann wird auch der Handel folgen.

Zusammenfassend ergibt sich die Schlussfolgerung, dass die eigentlichen Leidtragenden des Terrorismus diejenigen Länder sind, die am stärksten Direktinvestitionen, Transportketten, qualifizierten Führungskräftetransfer und Tourismus brauchen. Das sind die heute schon ärmeren Länder. Sie trifft der Terrorismus am stärksten – vermutlich das Gegenteil dessen, was seine Initiatoren beabsichtigen.

Transatlantica – das Unternehmensleitbild

Am Horizont der Globalisierung taucht ein neuartiges Gebilde auf: der ökonomische Superkontinent Transatlantica. Die ersten konkreten Manifestationen sind transatlantische Unternehmen. Bei deren Entstehung spielte die Pharmaindustrie eine Vorreiterrolle. Den ersten Vorbildern Mitte der neunziger Jahre, wie dem amerikanisch-britischen Merger *Smithkline Beecham* (später in *GlaxoSmithKline* aufgegangen) und der schwedisch-amerikanischen Fusion *Pharmacia-Upjohn* (später von *Pfizer* geschluckt), sind mittlerweile Dutzende von Firmen gefolgt. Es sind

Konzerne entstanden, die auf beiden Seiten des Atlantiks zu Hause sind, die in Europa und in den USA starke Marktpositionen besitzen und zwischen deren Subzentren es eine bisher ungewohnte Machtbalance gibt. Aus deutscher Sicht sind natürlich *DaimlerChrysler* und *Deutsche Bank Bankers Trust* die spektakulärsten Fälle, aber sie bilden nur die vielbeachtete Spitze des Eisbergs. *Bertelsmann Random House* oder *Siemens Westinghouse* und viele Übernahmen in der umgekehrten Richtung, etwa bei Automobilzulieferern, ergänzen das Bild. Selbst bei Mittelständlern, Neugründungen und kleineren Firmen zeigt sich das transatlantische Phänomen, in Einzelfällen sogar ausgeprägter als bei den Großen. Im Beratungsbereich sind die größeren Firmen, obwohl überwiegend amerikanischen Ursprungs, seit langem transatlantisch. *McKinsey* ist in Deutschland umsatzmäßig größer als in den USA. Auch *SAP* lässt sich ähnlich einordnen, zwar ist der juristische Hauptsitz in Deutschland, aber ohne die Aktivitäten in Palo Alto, California, wäre diese Firma nicht zu ihrer heutigen Weltgeltung aufgestiegen. Unternehmen, die in Europa und in den USA mit ähnlicher Stärke positioniert sind, haben einen klaren Vorteil gegenüber denen, die nur auf einer Seite des Atlantiks Geschäfte machen.

Ökonomische Führungsrolle

Zum ersten Mal entstehen so in größerer Zahl Unternehmen, die in ihrer Substanz keine nationale Identität mehr besitzen, sondern deren Selbstverständnis man treffend mit transatlantisch umschreiben kann. Hinter diesem ökonomischen Verschmelzungsprozess zweier Kontinente wirken gewaltige Schubkräfte. Obwohl Transatlantica mit rund 700 Millionen Einwohnern etwas mehr als 10 Prozent der Weltbevölkerung umfasst, erzeugt es rund 60 Prozent der globalen Wertschöpfung. Glaubt man daran, dass die Weltwirtschaft der Zukunft vom Wissen getrieben wird – und wer würde daran ernsthaft zweifeln –, so ist Transatlantica eigentlich erst im Kommen. Es hat beste Chancen, auf Jahrzehnte hinaus die Führungsrolle in der Weltwirtschaft zu übernehmen. Mehr als 80 Prozent des ökonomisch relevanten Wissens dürften in Transatlantica konzentriert sein, obwohl dieser Anteil natürlich nicht genau messbar ist. Die Wissensbasis wird sich vermutlich weiter zugunsten des Superkontinents verschieben. Nahezu alle wichtigen Basisinnovationen stammen aus Transatlantica. Ähnliches gilt für die Grundlagenforschung, deren Ergebnisse sich in den Nobelpreisen widerspiegeln. Nur wenige Nobelpreise gehen an Forscher außerhalb von Transatlantica.

Die Integration der Länder Transatlanticas hat einen hohen Stand erreicht und schreitet weiter voran. An diesem langfristigen Trend ändern auch temporäre Störungen der Beziehungen wenig. Die grundlegenden wirtschaftlichen Interessen von Amerikanern und Europäern sind weitestgehend gleichgerichtet, da sie in denselben Märkten aktiv sind und einen ähnlichen Wohlfahrtsstand erreicht haben. Auf wesentlichen Feldern werden schon heute die Aktivitäten koordiniert beziehungsweise sind nicht mehr separierbar. Dies gilt beispielsweise für den Kapitalmarkt oder auch die Wettbewerbspolitik. So wurde die Übernahme von *Honeywell* durch *General Electric* von der Europäischen Kommission untersagt, obwohl sie schon von den amerikanischen Behörden genehmigt war. Und die Amerikaner haben diese Entscheidung, wenn auch mit einigem Grummeln, akzeptiert. Das ist bemerkenswert. Auch die europäischen Unternehmen akzeptieren die Auflagen der amerikanischen Börsenaufsicht, auch hier reicht also der Arm der Behörde quer durch ganz Transatlantica.

Politisches Umfeld

Auch an der politischen Front schreitet Transatlantica voran. Die NATO spielt dabei eine Schlüsselrolle, auch im Hinblick auf die Einbeziehung zentral- und osteuropäischer Länder. Geradezu vorbildlich in diesem Sinne war die Rolle der NATO im Kosovo-Krieg. Das Gebiet der NATO definiert praktisch die Ausdehnung Transatlanticas. Die UNO erweist sich im Vergleich zur NATO als relativ machtloser und handlungsunfähiger Verein; Ursache hierfür sind die extrem stark divergierenden Inter-

essen ihrer Mitgliedsstaaten. Demgegenüber demonstriert die NATO er-
staunliche Geschlossenheit und zeichnet sich durch eine hohe Konsistenz
der Interessen aus. Dies gilt trotz der Tatsache, dass die Amerikaner in
diesem Bund dominieren, wenn auch mehr als *primus inter pares* denn
als Alleinherrscher. Der Zusammenhalt ist nicht zuletzt ein Resultat der
weitgehend gleichgerichteten Ziele der transatlantischen Staatengemein-
schaft, trotz einiger Scharmützel um Bananen, Stahl, Rindfleisch oder
ähnliche, relativ unbedeutende Commodities. Die NATO wird – ohne es
zu wissen und durchaus passiv – zunehmend auch zum Modell für die
regionale Expansion von Geschäften. So haben wir für ein deutsches
Unternehmen eine Mittel- und Osteuropa-Strategie entwickelt, deren
zentrale Aussage darin besteht, dass der Roll-out nach Osten synchron
mit der Ausdehnung der NATO stattfindet. Das garantiert einen vergleichsweise sicheren und verlässlichen Rahmen.

Ich wage die Prognose, dass wir erst am Anfang des transatlantischen
Zeitalters stehen und in den nächsten Jahren eine Fülle von Fusionen
und Übernahmen erleben werden, an denen Partner von beiden Seiten
des Atlantiks beteiligt sind. Es gibt Visionäre, die noch wesentlich weiter
gehen. In der Zeitschrift *European Business Forum* hat Joel Kurtzman,
früherer Herausgeber der *Harvard Business Review*, Ende 2002 einen
Merger der USA und der Europäischen Union vorgeschlagen, mit den
zwei Hauptstädten Brüssel und Washington. Sicher ist das keine reale
Prognose für die nächsten Jahre, aber als Fantasterei kann man eine solche Idee auch nicht abtun.

Aus europäischer Sicht ist die »American Connection« höchst will-
kommen, um in der zukünftigen Weltwirtschaft eine bedeutende Position
zu erringen. Eine zentrale Frage besteht allerdings darin, wie die Gewichte innerhalb Transatlanticas verteilt sein werden. Werden amerikanische Unternehmen den Superkontinent Transatlantica dominieren oder
entsteht eine etwa gleichgewichtige Balance zwischen den beiden Teilkon-
tinenten Amerika und Europa? Welche Implikationen beinhaltet Transatlantica speziell für deutsche Unternehmen?

Rolle deutscher Unternehmen

Die erste und wichtigste Konsequenz ist meines Erachtens, dass deutsche Unternehmen der Eroberung des amerikanischen Markts eine radikal höhere Priorität zumessen sollten. Viele, selbst große Firmen sind in den USA nur schwach vertreten. Als Beispiele seien hier nur stellvertretend *Thyssen-Krupp*, *E.on* oder *TUI* genannt. Der Engpass für den Aufbau einer transatlantischen Position liegt dabei weniger in der Technologie oder im Management, denn hier hat Europa zumindest in seinen Kernbranchen aufgeholt und viel zu bieten. Eine Hauptschwierigkeit besteht auf der Kaufkraftseite, sprich beim Börsenwert. Kürzlich sagte mir der Vorstand eines erfolgreichen deutschen Unternehmens, das massiv in den USA expandieren will: »Unser einziges Problem ist der Börsenkurs. Er hat uns bisher an einer Großakquisition gehindert.« Eines steht fest: Falls es die deutschen Unternehmen in den nächsten Jahren nicht schaffen, ihre Börsenwerte relativ zu den Amerikanern hochzubringen, dann werden sie in der Tat in Transatlantica die zweite Geige spielen. Leider hat sich die deutsche Position durch die Baisse in den Jahren 2000 bis 2003 weiter verschlechtert. Der Dax ist wesentlich stärker gefallen als der Dow Jones.

Der Kampf um die Vorherrschaft innerhalb Transatlanticas, dessen Ausgang – wenn meine These zutrifft – die Weltmarktpositionen bestimmt, wird härter. Diese Kämpfe aber werden per Kaufkraft entschieden. Das ist Ökonomie pur! Konkret bedeutet dies für deutsche Unternehmen jedoch auch, dass sie sich konsequent nach den Spielregeln des internationalen Kapitalmarkts richten müssen. Hier dauern die Anpassungen generell zu lange, man denke nur an die Diskussion um die Corporate Governance oder die Mitbestimmung. Beides sind Felder, in denen sich die Deutschen deutliche Nachteile einhandeln.

Eine weitere Konsequenz besteht darin, dass Führungskräfte, Studenten, ja sogar Schüler systematischer auf Transatlantica vorzubereiten sind. Das Vertrautsein mit den Kulturen beiderseits des Atlantik wird in Zukunft zu einer Grundforderung an alle, die eine Führungsaufgabe übernehmen wollen. Studium in den USA, Schüleraustausch und Praktika legen ausgezeichnete Grundlagen hierfür und sollten mit allen Mitteln gefördert werden. Transatlantica wird Englisch sprechen. Man mag die Dominanz des Englischen, genauer gesagt des amerikanischen Englisch, als Imperialismus interpretieren. An den Fakten ändert das jedoch nichts. In Deutschland sollten wir uns damit abfinden, zweisprachig zu leben: im Beruf Englisch, im Privatleben Deutsch. Im Übrigen sind wir in dieser Hinsicht besser aufgestellt als die Amerikaner, die mentale Distanz von den USA nach Europa ist wesentlich größer als in der umgekehrten Richtung. Die vorhandene Basis an internationaler Erfahrung und Offenheit verleiht dem deutschen Nachwuchs eine ausgezeichnete Ausgangsposition im Wettbewerb um transatlantische Führungspositionen, auch im Vergleich zu anderen europäischen Ländern. Vor Transatlantica sollte uns also nicht bange sein. Transatlantica ist gerade für die Deutschen, Unternehmen wie Einzelne, eine ungeheure Chance!

Ex Asia lux –
Die Dynamik der asiatischen Wirtschaftswelt

Wo wird die Musik der Zukunft spielen? Einerseits in Transatlantica wie im vorherigen Abschnitt dargelegt. Aber es gibt einen zweiten Schwerpunkt der Entwicklung: Asien. In vielen asiatischen Ländern entsteht eine enorme Dynamik. Die japanische Krise ist zwar noch nicht überwunden, jedoch stimmt das, was man in Japan erlebt, nicht mit dem düsteren Bild der Presseberichte überein. Teure Markenprodukte erfreuen sich höchster Beliebtheit, die Restaurants sind voll, die Kaufkraft der Japaner liegt mit 32 700 Euro pro Kopf 30 Prozent über der bundesdeutschen von 25 200 Euro pro Kopf. Ist das ein krisengeschütteltes, armes Land?

Zu Anfang der neunziger Jahre wurde die Wettbewerbsfähigkeit der japanischen Industrie maßlos überschätzt. Das 1990 erschienene Buch *The Machine that Changed the World* sah die Japaner an allen Fronten als Sieger und zukünftige Marktführer. Etwa zehn Jahre später, genährt durch die sich hinziehende Krise, war dann die Geringschätzung der japanischen Unternehmen populär. Diese Unterschätzung der japanischen Fähigkeiten halte ich genauso für eine Übertreibung wie die frühere Überschätzung. Eine differenzierte Sicht ist dringend angezeigt.

Die Automobilindustrie eignet sich zur Illustration dieses Aspekts. Es gibt die eine Seite dieser Branche, die ich mit »Verlierern« umschreibe. Diese Unternehmen sind allesamt in westliche Hände geraten. Dazu gehören *Nissan*, wo *Renault* jetzt das Sagen hat, *Mitsubishi* mit *DaimlerChrysler* als Hauptaktionär sowie *Mazda*, *Isuzu*, *Suzuki* und *Subaru*, die allesamt zu amerikanischen Autoherstellern gehören. Demgegenüber stehen *Toyota* und *Honda*, die »Gewinner«, so stark wie eh und je da und sind für die Zukunft bestens gerüstet. Man konnte also zu keinem Zeitpunkt von einem generellen Niedergang der japanischen Automobilindustrie sprechen. Eine ähnliche Unterscheidung zwischen Verlierern und Gewinnern ist in Branchen wie Elektronik, Chemie oder Maschinenbau angezeigt. Erstaunlicherweise glänzen auch die schwächelnden Firmen von gestern (zum Beispiel *Nissan* oder *Mitsubishi*) mit einem beeindruckenden Come-back. Ähnliche Entwicklungen beobachte ich in Korea: *Samsung Electronics* oder *LG* sind in der Krise eher stärker geworden und werden in der nächsten globalen Wettbewerbsrunde ein noch gewichtigeres Wort mitreden.

Chinesisches Wunder

Doch das eigentliche Wunder ist China. Dieses Riesenland erreichte in den Jahren 1999 bis 2003 eine durchschnittliche Wachstumsrate von 7 Prozent, und auch für die Folgejahre sind Raten zwischen 5 und 10 Prozent prognostiziert. Das ist eine Dynamik, wie sie Deutschland selbst in den fünfziger Jahren nicht zustande brachte. Und die wirtschaftliche Explosion ist unübersehbar. Überall schießen moderne Städte und Infrastrukturen aus dem Boden, keineswegs nur in den Vorzeigemetropolen Peking und Shanghai oder bei Prestigeprojekten wie dem *Transrapid* oder dem Drei-Schluchten-Damm. Im Angesicht der Skylines zentralchinesischer Städte, deren Namen wir kaum kennen, wie etwa Chongqing oder Wuhan glaubt man sich nach Amerika versetzt. Die Marktwirtschaft boomt allenthalben, der Wettbewerb führt vor, wozu er imstande ist.

In den Hauptgeschäftsstraßen der Millionenstädte, von denen China mehr als 50 hat, finden sich alle bekannten Läden und Marken dieser Welt. Angeboten werden die heiß begehrten Waren zu Preisen, die denjenigen in westlichen Metropolen nicht nachstehen. Natürlich kann sich der Durchschnittschinese kaum etwas von diesem Angebot leisten. Aber wenn nur jeder hundertste Chinese ein Paar *adidas*-Schuhe kauft, dann sind das 14 Millionen Paare! Die schiere Bevölkerungszahl Chinas lässt selbst kleinste Marktanteile zu gigantischen Mengen und Umsätzen anschwellen. Der Bedarf an Produkten und Infrastruktur ist immens, und die Fortschritte sind enorm. Zum Beispiel hatte ich an jedem Ort einer Reise von 6 000 Kilometern Länge durch China Mobilfunkkontakt. Die Autodichte nimmt rapide zu. Volkswagen hat derzeit noch die Nase vorn, doch alle anderen, vor allem die Japaner, investieren massiv in China. Überall schießen neue Autofabriken aus dem Boden.

Die Größe des Landes und die damit entstehende Nachfrage nach Eisenbahnen, Flughäfen und Schiffen entzieht sich unserer Vorstellungskraft. Die längste Eisenbahnentfernung innerhalb Chinas in Ost-West-Richtung beträgt 5222 Kilometer, von Ürümqi in Sinkiang nach Qiqihaer in der Mandschurei. Wenn man mit der Bahn von Peking nach Frankfurt fährt, so liegen 49 Prozent der Strecke auf chinesischem Gebiet. Aus solchen Dimensionen erwachsen enorme Chancen für deutsche Unternehmen, die im Bereich von Infrastruktur- und Verkehrsinvestitionen tätig sind.

Erstmalig treten auch chinesische Firmen sichtbar am Weltmarkt auf. *TCL* ist einer der größten Hersteller von Mobiltelefonen. *Haier* (Motto »Higher and *Haier*«) zählt zu den größten Haushaltsgerätefirmen der Welt. Autoexperten kennen *FAW (First Automotive Works)* und *Dongfeng*. In wenigen Jahren werden solche Namen bei uns genauso geläufig sein wie heute die japanischen Marken. Auch die kannte vor 30 Jahren niemand.

Natürlich gibt es in China auch große Risiken. Unzulänglicher Know-how- und Markenschutz, Mafiastrukturen, die unklare politische Zukunft, die Unwägbarkeiten in Hongkong, die nicht durchschaubare Finanzierung der gigantischen Investitionen – das alles gehört zu den Risiken in diesem Riesenland. Manche Rahmenbedingungen werden durch den Beitritt zur WTO sicher besser. Aber viele Missstände werden auch bleiben, da sie tief in Traditionen verwurzelt sind.

Gesamtmarkt Asien

Man sollte Asien stets im Zusammenhang sehen und die Größenordnungen gesamthaft verstehen. Einseitige Betrachtungen und die damit verbundene Euphorie verleiten leicht zu Fehlentscheidungen. Zwar hat China mit rund 1 300 Millionen Einwohnern ein gigantisches Bevölkerungspotenzial und mit 9,6 Millionen Quadratkilometern etwa die gleiche Fläche wie die USA, wirtschaftlich ist China jedoch nach wie vor ein Zwerg. Die Präfektur Tokio hat im Vergleich zwar »nur« 32,9 Millionen Einwohner, erzeugt aber mit 931 Milliarden Dollar fast das gleiche Sozialprodukt wie China mit 1150 Milliarden Dollar. Rechnet man Yokohama, das zum Wirtschaftsraum Tokio, jedoch nicht zur Präfektur Tokio gehört, hinzu, so könnte man plakativ sagen: »Das Bruttosozialprodukt von Tokio ist genauso groß wie das von China«. Insgesamt ist das japanische Bruttosozialprodukt etwa 3,5 mal so groß wie das chinesische. Selbst wenn China bis zum Jahr 2010 mit den hohen Raten der letzten drei Jahre wächst, werden die Japaner auch dann noch 1,8 mal so viel erzeugen wie die Chinesen.

Das Fazit aus diesen Überlegungen lautet, dass sowohl Japan als auch China hochinteressante Märkte für deutsche Unternehmen sind. Japan kann dabei als Brückenkopf für China fungieren, insbesondere wenn es um komplexe Produkte und Dienstleistungen geht. Beispielhaft sind die Strategien von *Bosch* und *DaimlerChrysler*. Mit 11 000 Mitarbeitern und 3 Milliarden Euro Umsatz ist *Bosch* innerhalb weniger Jahre zum größten deutschen Unternehmen in Japan aufgestiegen und besitzt eine

hervorragende Ausgangsposition zur Eroberung des gesamten asiatischen Markts. *Daimler* hat sich im Pkw-Geschäft mit den Engagements
bei *Mitsubishi* in Japan und *Hyundai* in Korea Brückenköpfe geschaffen.
Bei Nutzfahrzeugen verfolgen die Stuttgarter eine ähnliche Strategie. Die
Krise in Asien eröffnet eben günstige Akquisitionschancen. In der Chemie hat *BASF* die asiatische Karte am konsequentesten gespielt und wird
die Wachstumsfrüchte in den kommenden Jahren ernten. *Volkswagen* ist
mit weitem Abstand Markführer im chinesischen Pkw-Markt und wird
alles tun, um diese Position zu verteidigen.

Noch höre ich von vielen deutschen Expatriates in Japan und China,
dass sie bei den Mutterhäusern einen schweren Stand gegen Transatlantica haben. Europa und Amerika stehen nach wie vor im Mittelpunkt des
Interesses vieler Stammhäuser und erhalten den Löwenanteil der Investi-
tionsmittel. Natürlich besteht an vielen Fronten Expansionsbedarf. Dennoch sollten die Gewichtungen überdacht werden. Asien muss stärker
ins Zentrum der Strategie rücken. Im Osten geht die Sonne auf, *ex Asia
lux,* und für das globalisierte Unternehmen der Zukunft sollte das Motto
Karls des Fünften gelten: Die Sonne darf in seinem Reich nicht unterge-
hen. Asia und Transatlantica werden beide unverzichtbar und lebens-
wichtig.

Literatur

Albach, Horst: *Culture and Technical Innovation*, Berlin/New York: Walter D. Gruyter 1994

Benford, Gregory: *Deep Time – How Humanity Communicates Across Millennia*, New York: Harper Collins Publishers 2000

Bertelsmann Stiftung (Hrsg.): *Was kommt nach der Informationsgesellschaft?*, Gütersloh: Bertelsmann Stiftung 2001

Bleicher, Knut: *Das Konzept Integriertes Management*, Frankfurt am Main/New York: Campus 1992

Brandes, Dieter: *Konsequent einfach. Die Aldi Erfolgsstory*, Frankfurt am Main/New York: Campus 1998

Brockhoff, Klaus: *Geschichte der Betriebswirtschaftlehre*, Wiesbaden: Gabler 2000

Collins, James C.: *Good to Great. Why Some Companies Make the Leap and Others Don't*, New York: Harper Collins Publishers 2001

Collins, James C./Porras, Jerry I.: *Built to Last. Successful Habits of Visionary Companies*, London: Century 1994

Drucker, Peter F.: *Management Challenges for the 21st Century*, New York: Harper Collins Publishers 1999

Drucker, Peter F., Die Kunst des Managements, München: Econ 2000.

Drucker, Peter F.: *Was ist Management? Das Beste aus fünfzig Jahren*, München: Econ 2002 (*The Essential Drucker*, New York: Harper Collins Publishers 2001)

Drucker, Peter F.: *Managing in the Next Society*, New York: Truman Talley Books 2002

Duffy, Paula Barker (Ed.): *Relevance of a Decade*, Boston: Harvard Business School Press 1994

Fischer, David H.: *The Great Wave – Price Revolutions and the Rhythm of History*, New York-Oxford: Oxford University Press 1996

Greider, William: *One World, Ready or Not – The Manic Logic of Global Capitalism*, New York: Simon and Schuster 1997

Hamel, Gary/Prahalad, C. K.: *Competing for the Future*, Boston: Harvard Business School Press 1994

Hammer, Michael/Champy, James: *Business for Reengineering. Die Radikalkur für das Unternehmen*, Frankfurt am Main/New York: Campus 1994 (*Reengineering the Corporation*, New York: Harper Collins Publishers 1993)

Handy, Charles: *The Age of Unreason*, Boston: Harvard Business School Press 1989

Johnson, Barry: *Polarity Management – Identifying and Managing Unsolvable Problems*, Amhurst, Mass.: HRD Press 1992

Kanigel, Robert: *The One Best Way – Frederick Winslow Taylor and the Enigma of Efficiency*, New York: Penguin Books 1997

Kennedy, Paul: *The Rise and the Fall of Great Powers*, New York: Vintage Books 1989

Landes, David S.: *The Wealth and Poverty of Nations*, New York/London: W. W. Norton & Company 1998

Levine, Rick/Locke, Christopher/Searls, Doc/Weinberger, David: *The Cluetrain Manifesto – The End of Business as Usual*, Cambridge, Mass.: Perseus Books 2000

Levitt, Theodore: *Über Management*, Frankfurt am Main/New York: Campus 1992

Lowenstein, Roger: *Buffett – The Making of an American Capitalist*, New York: Random House 1995

Luhmann, Niklas: *Organisation und Entscheidung*, Opladen/Wiesbaden: Westdeutscher Verlag 2000

Meadows, Donella und Denis/Randers, Jørgen: *Die neuen Grenzen des Wachstums*, Stuttgart: DVA 1992

Mintzberg, Henry: *Mintzberg on Management*, New York: The Free Press 1989

Mintzberg, Henry: *Die strategische Planung: Aufstieg, Niedergang und Neubestimmung*, München/Wien: Hanser 1995

Olbrich, Michael: *Unternehmenskultur und Unternehmenswert*, Wiesbaden: Gabler 1999

Porter, Michael E.: *The Competitive Advantage of Nations*, London: The Macmillan Press 1990

Ries, Al: *Focus*, New York: Harper Collins Publishers 1996

Rifkin, Jeremy: *Access – Das Verschwinden des Eigentums. Warum wir weniger besitzen und mehr ausgeben werden*, Frankfurt am Main/New York: Campus 2000 (*The Age of Access: The New Culture of Hypercapitalism, Where All of Life Is a Paid-For Experience*, New York: Tarcher Putnam, 2000)

Simon, Hermann: *Simon für Manager*, Düsseldorf: Econ1991

Simon, Hermann: *Preismanagement*, (2. Auflage), Wiesbaden: Gabler 1992

Simon, Hermann: *Die heimlichen Gewinner (Hidden Champions)*, Frankfurt am Main/New York: Campus 1997

Simon, Hermann/Robert, Dolan J.: *Profit durch Power Pricing*, Frankfurt am Main/New York: Campus 1997

Simon, Hermann: *Unternehmenskultur und Strategie. Corporate Culture and Strategy*, Frankfurt am Main: FAZ Buch 2001

Simon, Hermann: *Das große Handbuch der Strategiekonzepte*, Frankfurt am Main/New York: Campus 2001

Simon, Hermann/von der Gathen, Andreas: *Das große Handbuch der Strategieinstrumente*, Frankfurt am Main/New York: Campus 2002

Simon, Hermann: *Strategie im Wettbewerb. 50 handfeste Aussagen zur wirksamen Unternehmensführung*, Frankfurt am Main: FAZ Buch 2003

Toffler, Alvin, Powershift: *Knowledge, Wealth, and Violence at the Edge of the 21st Century*, New York: Bantam 1990

Welch, Jack: *Was zählt*, München: Econ 2001

Womack, James P./Roos, Daniel T./Jones, Daniel: *Die zweite Revolution in der Autoindustrie. Konsequenzen aus der weltweiten Studie des Massachusetts Institute*, Frankfurt am Main/New York: Campus 1992 (*The Machine That Changed the World: The Story of Lean Production*, New York: Harper Collins 1991)

Yergin, Daniel: *The Prize, The Epic Quest for Oil, Money and Power*, New York: Touchstone 1993

Register